钟成泉——
著

U0321940

南方传媒 花城出版社

中国·广州

图书在版编目（CIP）数据

味趣 / 钟成泉著. -- 广州 ：花城出版社，2024.6
ISBN 978-7-5749-0183-4

Ⅰ．①味… Ⅱ．①钟… Ⅲ．①饮食－文化－潮州
Ⅳ．①TS971.202.653

中国国家版本馆CIP数据核字（2024）第090141号

出 版 人：张　懿
责任编辑：林　菁　杨柳青
特约编辑：佃燕婉
责任校对：张　旬
技术编辑：凌春梅
装帧设计：二间设计
摄　　影：韩荣华　黄晓雄　佃　鱼

书　　名	味趣	
	WEI QU	
出版发行	花城出版社	
	（广州市环市东路水荫路 11 号）	
经　　销	全国新华书店	
印　　刷	广州市岭美文化科技有限公司	
	（广州市荔湾区花地大道南海南工商贸易区 A 幢）	
开　　本	880 毫米 ×1230 毫米　32 开	
印　　张	11	
字　　数	245,000 字	
版　　次	2024 年 6 月第 1 版　2024 年 6 月第 1 次印刷	
定　　价	78.00 元	

如发现印装质量问题，请直接与印刷厂联系调换。
购书热线：020-37604658　37602954
花城出版社网站：http://www.fcph.com.cn

自序

想写一本自己觉得有趣味性的饮食书，同时又能体现出菜肴制作过程中的一些功夫表现。这是我一直考虑的事。脑洞上经过无数次撞击思考，渐渐理出了一点头绪，在"我理解中的潮菜"框架下，终于找到了它的定位——味趣。

我拥有几十年的餐饮厨房经验积累，但是要把这些菜肴在各方面的表现，用一种带有故事的写法汇集成书，却非易事。这种经历，或抄录，或听闻，或借用，起码要有一个可以说得过去的牵扯，要不然会被人说是牵强附会，经不起驳问。

如潮菜名菜肴"护国菜肴"中的故事，潮州知府伊府爷生日上的"潮州伊府面"传说，都是有起因、形成过程，最后流传成故事的。这些都是潮州菜前辈师傅口口相传而留给后人的文化遗产。尽管有一些地方值得商榷，然而故事本身听美丽，习厨者也都喜欢听。我只是把它重新调整归纳，让故事更有可读性。

现实版菜肴的一些故事，虽然文字不曾在社会上流传，但写入书中的故事也都是有依有据，而且耐人寻味。

一篇笑话"炒手枪的故事"，重现了 2002 年我们在深圳市办酒楼的时候，酒楼厅面服务经理和厨房总厨关于"炒薄壳"的

一场对话，我把它写成一则故事。

　　"炒手枪"与"炒薄壳"，可能外地人并不理解。潮汕人却知道究竟是怎么一回事。过去有一款二十四响驳壳枪，简称"驳壳枪"，和潮汕人餐桌上的"薄壳"潮汕话同音，由此有很多人会误解。从语言上可见潮汕话也有谐音梗，有能让人捧腹大笑的错位语言。故事会让某些人觉得不可思议，然而能从侧面告诉大家文化知识的重要性。如果欠缺文化知识，不单单是"薄壳"写成"手枪"之误，更有很多内容会被弄错，严重者还会出大事。

在粤东的大埕湾，拖网是特有的古老捕鱼方式

　　从整本书中的文章结构来看，有相当一部分章节纯属个人的闲说和理解，这与其他人的闲说可能有相似之处，我认为很正常。闲说，是一种心灵上的自我独白，随心所欲，不受其他限制，且与其他人无关。说白了，这其实是诱导大家关注又对谁都不负责的说法而已，让你可以信其言，也可不信其言。

　　为什么会有这种自我的感觉呢？原因是在书中描述的一些章节，内容都是依据个人的行为和看法、人生经历和想法写出来的，大家未必相信和认可。

为了介绍水鸡（青蛙）在菜肴中的做法，我特意把我青年时去"掠水鸡"的遭遇，引入《田园风味》一文的开头：那一夜，手电筒的电池坏了，为了赶在西港最后一班渡船回汕头市区，我便在牛田洋大堤上快速奔跑，导致值班的哨兵以为有事发生（当年牛田洋属于广州部队生产基地），大声喊我站住，甚至要对"口令"。我为了赶时间，没停下来继续赶路，一边小跑中一边回应着，我是"抓水鸡"的。哨兵发现我回应"抓水鸡"的口令错了，差点要开枪。

我把这一过程写成趣事，目的是想增强阅读上的趣味性。对我来说，这都是真实发生的事，也算是一种人生记录吧。

从《味趣》整本书来看，最有看头还是章节中的烹制功夫。功夫表现往往是完成一道菜肴的核心主题，既要诉说菜肴的某些故事有真实性和趣味性，又要体现出菜肴在整个操作过程中的完美，特别是在烹饪中的重要性。

可能有很多人会认为功夫就是雕花刻鸟摆造型，其实错了。雕花刻鸟是食品艺术，功夫更多体现在对菜肴出品上的质地辨识、时令季节、加工处理、调料辅助、时间判断、火候把控、腌制入味上的判断。

在《佃鱼翻身》一文中，你更能理解功夫到位对一道菜肴的重要性。佃鱼，在过去是一款极低值的普通食材，甚至是被弃之物。然而通过厨师的用心，在制作过程中下足功夫，它的品位也能得到无限发挥。长期处于底层地位的佃鱼从此彻底翻身，经济价值也提升起来。能做到如此程度，这与厨师功夫的发挥自然是离不开的。

哎！说多了，会影响本书后面的看头，详情请看正文。

目 录

Chapter 2

第二章

舌尖上的田园主义

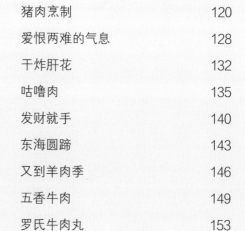

Chapter 3

第三章

无肉不欢狂想曲

Chapter 4
第四章
"鱼"的 N 种吃法

Chapter 1

第一章

米与面的欢歌

香粥

　　潮汕人从记事起便知道"糜"。稻谷米淘洗干净后加入清水，经过火候和时间的熬煮，到达糜烂的程度，便是"糜"了。至于为什么叫"糜"呢？可能是由于潮汕话沿用古汉语的缘故吧（潮汕语言至今仍常被称为古汉语的"活化石"）。

　　发现稻谷可以食用到成为"糜"的历史，究竟有多久？"一碗令潮人无论走到世界哪个角落都会想念，一吃下去就血脉贯通、全身舒服的'糜'（潮汕话读音 mue5），我们已经吃了 2000 多年了。"这是韩山师范学院原校长林伦伦先生为我的《饮和食德——潮菜传承与坚持》一书写的序文上对糜的评定。

　　如今"糜"在潮汕也被写成"粥"字，潮汕人已经放弃写"糜"的字样。按照目前煮粥的方法，同样是稻谷大米经过淘洗后加入清水煮至糜烂，即是熟透了的白粥。

　　在潮汕饮食上，"香"（潮汕话也习惯用"芳"）的意义更为广泛，应该是指有味道而且在潮汕饮食上好吃的食物，如香粥、香肉、香菜、香初汤、香豉油。

初汤为鱼露的另一种叫法

　　这里只想说说粥对潮汕人的一些影响，特别是有意思的香粥。

海鲜粥

香粥，在潮汕也是一款不确定叫法的粥品系列，和"杂咸"的叫法一样，存在模糊的概念。究竟达到什么程度，才算作香粥呢？它的范围有多广呢？抱着这个不确定的定义，来探讨从白粥延伸到多味性的香粥，想一想也是挺有趣的。

必须先把香粥的范围捋清楚，才能明白香粥究竟是什么。

第一，香粥是在白粥的基础上，通过添料调味而成的。

第二，香粥的品类范围比较大，任何食材和白粥结合，都可能成为一款香粥。

由此，我总结出香粥的若干主要品种，分别是海鲜类香粥、家禽类香粥、猪牛类香粥和瓜蔬类香粥。

海鲜类香粥主要品味有虾粥、蟹粥、鱼粥、蚝粥。这些海鲜除了可以独立烹煮之外，也可以混合其他食材一起烹煮，延伸出另一款香粥。多数人会用砂锅去煮海鲜类香粥，因而很多外地人把它叫作潮汕砂锅粥。其实，它应叫海鲜砂锅粥，因为潮汕最早的砂锅粥是白粥。

在汕头市长平路，海鲜粥曾经一度以鱼头粥最具特色。典型的鱼头粥是用大石斑鱼头去煮，配点香菇丝和南姜麸，加点茼蒿菜。海鲜鱼粥多种多样，除了鱼头粥之外，还有一款鱼生粥，也是汕头市早期粥品中的一大亮点，别具特色。

取鲜活的海鱼或者沙池吃草的草鱼，通过杀血、去鳞、起肉，然后风干水分，用鱼生刀把鱼肉切成薄片，放入碗内，调入南姜麸、葱珠膀、鱼露等味料，滚汤冲泡后加入"泡饭"，即是一碗鲜甜味十足的鱼生粥。将米煮至熟而不爆花即捞起过冷清水，即为"泡饭"，而煮鱼粥类南姜麸和葱珠膀是不可缺少的。

一锅有香腐丝的鸡粥仿佛带着岁月感

蟹粥，在汕头市的各粥铺中，基本都是取揭阳地都镇江与海交界处所产的腌仔蟹，和着生米去煮的。配上几小片雪花猪肉，调上姜米、葱花、味精、胡椒粉，绝对是一碗香喷喷的海鲜蟹粥。

说真的，海鲜粥多种多样，只要把控得当，绝对是潮汕地区香粥的佼佼者。

用家禽煮粥，比较多的是选用鸡、鸭，有去掉骨头煮粥和含骨煮粥两种方式。含骨煮粥者多数是比较接地气的，讲究平民化和纯味道。而去掉骨煮粥者，多数追求上一档次的享受，注重吃相斯文，但气息上比"勿去骨"的粥品稍差些。

煮鸡粥，比较典型的是用姜丝、香菇丝去煮。把大米用热火煮至快爆米花时候，光鸡连骨剁小块，用热鼎把姜丝和香菇丝炒至香气爆发，再把鸡肉加入猛炒，炒至出味后加入滚汤，调上鱼露、味精、胡椒粉后，把煮好的粥汇在一起，加入葱花、芫荽，一碗可口的"姜丝鸡肉香粥"即大功告成。

用牛肉去煮的牛肉香粥虽有，然而在汕头市还是比较少见，毕竟汕头人对牛肉的吃法有多样，不争这一份额。

猪肉煮香粥的例子就比较多了，潮汕人说煮碗香粥来吃，多数是指这一碗猪肉粥。煮粥的时候加入猪骨头、切好的生姜米，把米熬得稀烂，当客人来后，调上猪肉、猪肝、鸡蛋、葱花、味精、鱼露、胡椒粉，再配上切碎的油条，便是一碗微辣而可口的"及第粥"。其实这是仿着广州及第粥的做法而做的，当年这碗粥惹得每天一大早便有客人在排队等候，今天在汕头已不见踪影，想想有点可惜。

猪杂粥

卖香粥的摊档充满烟火气

瓜蔬类的香粥便有少见的芋粥、番薯粥和青菜粥。而青菜粥中尤其以春菜粥最为常见。一些善于烹饪的人士会把春菜取叶后切成细丝，配合上汤和白粥，煮成一碗可口的"春菜粥"——绝对的绿色食品，不妨一试。

炒香粥，你可能没听过，也不理解。潮汕的过去，却是真的有过炒香粥。在汕头原标准餐室工作的那段时间，就经常听到顾客说，炒碗香粥来吃。师傅会取几条蒜仔和葱切细后去炒，然后再把粥加入，调上少许上汤和鱼露、味精，即是炒香粥了。我曾问过魏坤师傅为何这就叫炒香粥，他说蒜仔必须要经过炒熟后才能把粥加入，这不是炒粥吗？有理有意思。

写点香粥另类的故事。有一天，手下职工郑建生先生说有一碗咸香的"沙芒相咬香粥"，二十世纪六七十年代曾经在汕头市各饮

"相"潮汕的读音同"烧"，互相的意思。

鳝鱼粥

食店很流行。这话也勾起了我的回忆。在物资紧缺的年代，香腐脯条的一边是染红色，炸起来松膨松膨得很是好看，在粥中煮后仿似溪河沟里的沙芒鱼相咬一样。于是很多饮食店把它油炸后当成猪肉一样去煮成香粥，虽然不见猪肉的影子，味道却是不错的。"沙芒相咬"至今让我们这一辈人还经常唠叨着。

过去，潮汕奴仔肚肠上大都会生蚰虫（蛔虫），面黄肌瘦，老辈人认为是"疳积"造成的。这种病，大都是和水源不洁有关系，经过"药"虫后，需要营养来恢复身体。民间流行一种"蛤鸠仔煮粥"来补充营养，配合治疗"疳积"，提高免疫力。于是很多人都会到田园中去抓蛤鸠仔来煮粥。抓到蛤鸠仔后都希望它不泄尿，认为蛤鸠仔的尿更有治疗价值，于是把蛤鸠仔直接放入粥中，盖紧，让蛤鸠仔的尿自动宣泄到粥中，特别有意思。

小青蛙

　　写到此，我总觉得学厨者，在任何时候只要发挥得当，随时取材便能变幻出一碗地地道道的香粥来，除了改变味道之外，营养摄入也是不少的。

　　经搭配后衍生出来的香粥品种还有不少，在此罗列供借鉴，以续爱好者之愿。

　　青菜粥：白菜粥、春菜粥、蒜仔葱粥。

　　海鲜：干贝鲜虾粥、干贝鱿鱼粥、鲜蚝仔粥、海鳗鱼粥、鲳鱼粥、马鲛鱼粥、赤鯮鱼粥、花跳鱼粥、鲜鲍鱼粥、虾婆肉粥、龙虾粥。

　　另类风味的香粥：水鸡（青蛙）粥、黄鳝粥、草鱼粥、膡粕粥、皮蛋粥。

　　此外，老菜脯可以和鸡肉、干贝、鲜虾仁、鲜猪肉、猪粉肠、猪肝煮成各类老菜脯粥。

　　最高端的要算鸡汤燕窝粥了。

炒饭

秋已逝，冬将至，概念上是立冬了。

在吃这一方面，汕头人常把一年四季的节气扯上饮与食。年复一年、周而复始的轮回中，他们会选择节气来确定饮食。例如在立冬日，汕头人喜欢用炒香饭来提醒人们，冬天来了。受立冬之日吃炒饭的影响，我也想谈谈汕头人平时对炒饭的不同看法，供大家参考。

加入食材物料去炒饭，汕头人叫作"炒香饭"。今天流行在汕头酒楼食肆中各色各样的炒香饭，基本的用料方式，还是沿袭遵循着古早扬州炒饭的方式。古早扬州炒饭一定要用隔夜饭或者隔餐饭去炒，即炒剩饭，且加入各种辅助料头合一而炒，诸如猪肉、鲜虾、香菇、栗子、莲子、鸡蛋、青葱、蒜仔等。

按照古时扬州炒饭的烹制过程，个人认为可分成三个层次进行：

第一，把一切物料通过切配，分解成大小一致的颗粒，然后预先炒熟，形成炒饭馅料。

第二，必须选择隔夜（餐）饭，在炒的过程中喷入热水，使其产生热气，让隔夜饭容易松散开。

第三，在饭团松散开后加入馅料，迅速翻炒至焦香，气息飘出即好。

当然今天的炒饭可能会有不同的翻炒方式，主副料也丰富了，品味也多样了，远远超出了想象，但是古老的扬州炒饭方式依然值得我们留恋。

"烱"为潮汕叫法，烹调技法的一种，应与炒有同义。

汕头有一些地方的人会把"炒香饭"叫成"烱香饭"，但其实两者操作上和品味上有着不同属性。烱饭，早期潮阳县和普宁县的人一致认为其有别于炒饭，然而我却认为这是一款古早炒饭。烱饭与扬州炒饭有着完全不同的烹制方式，最关键的是不需要用隔夜饭

潮汕餐厅里的卤肉炒饭

或隔餐饭，有着"三即时"：即时煮的饭，即时炒料，即时搅拌均匀。

煮炣饭，辅助料头和白米饭是要分开烹煮的，当然，也有一些食材、料头要一起煮，如芋、荷兰薯。其他辅助料头主要是以肉、虾、海鲜、香菇、果子、蔬菜或者青葱、蒜仔、芹菜等组成。

首先，把辅助食材先行加工处理，炒熟。白米饭煮熟后再把炒熟的炣料汇入，然后用铁铲或勺搅拌均匀即可。这种炣饭不须放入鼎中翻炒，也不需要我们日常所说的"鼎气"，口感湿润软滑。

在潮汕人心目中的炣饭还有许多品种，典型的有揭阳"炣朥饭"，潮阳县、普宁县的"炣蒜仔饭""炣菜饭"，澄海县一带的"五花肉鲜笋炣饭"和达濠的"炣海鲜饭"。

有一次，我在澄海朋友家，主人自己到厨房煮炣饭，我也跟随在后，观察到炣饭全过程，觉得有趣且非常有特色，特意记录如下：

第一，先将鲜虾仁和湿香菇、葱切细粒，炒成一个炣饭料头候用，鲜竹笋切成粒状，把五花肚肉去皮后也切成粒，粳米淘洗干净一同候用。

第二，把切好的五花肚肉粒和鲜笋粒先后投入鼎中炒至半熟，再把淘净的生粳米加进去翻炒至六成熟，加注适量的滚水，把它煮成鼎饭。

第三，当鼎饭熟后，把炒好的鲜虾、香菇汇入，搅拌均匀即成。

说炣饭，不得不说到香港原铜锣湾伊利莎白大厦的潮港城潮州菜酒楼。他们有一款"砂锅炣芋头饭"，曾经吸引了许多潮汕人。用砂锅煲煮生米和芋块，让它们混为一体，熟后拌上炒熟的腊肠、

榄仁海鲜炒饭的食材

碎花生仁、芹菜粒，气味诱人，有着芋香气息。很多年过去了，这家潮港城潮州菜酒楼已不存在，但是每一位到过这里的潮汕人，都会想起当年的"砂锅焗芋头饭"。

蔬菜焗饭，则是汕头各乡村最常见的炒饭，尤其以"芥蓝菜焗饭""包菜焗饭""厚合菜焗饭""粉豆焗饭"等最为突出，它们结合了菜脯和膀粕（猪油渣）。

到香港铜锣湾一家叫"花杯"的日本食肆吃铁板料理，师傅在铁板前，面对面为你烹制各种菜肴，让你边吃边饮，并在谈笑中欣赏师傅的厨艺表演。在出品的尾端，有一道炒饭，一看便知是亮点。"花杯"的师傅准备了如下材料：一碗姜米、一碗青葱、一大碗洋葱、一盆鸡蛋和一盆白米饭。这是一款日式料理炒饭，我觉得应称之为"姜香粒洋葱炒饭"最合适。

炒饭开始了，只见铁板厨师先把鸡蛋逐颗击破，放入烫热的铁板上，不停地搅动翻炒后推至边上候用。随后，生姜米和青葱粒合在一起炒香，再加入洋葱在铁板上炒，直至泌出水分。再把白米饭汇入，此时洋葱的水分刚好能分解白米饭的黏性，让米粒迅速分开，细看特别有趣。

厨师手握两把平鼎铲，动作像欢乐的音乐指挥家一样，轻盈舞动着。此刻，铁板炙热的温度逐渐升高，米粒在铁板上面跳跃着，师傅会不断加入少许橄榄油、调味酱，然后又不断翻炒，直至香气十足。

有人曾问：你写炒饭为什么不把稻谷大米的产地和质感以及它的牌子写一下，只是简单说明是粳米饭而已？

问得好。

这真的是一个值得思考的问题。我一直想着，如若把一碗普通炒饭（焗饭）的食材归于哪个国家、哪个地区、哪个品牌，可能有点夸大了。

事实上，我在写菜谱的时候，极少提及食材的产地。这是经过长期考虑的，也是一直想回避的话题，目的是想让更多厨师或者烹煮者不要因为食材原产地、品质而困惑，因而放弃了本想要烹制的某个菜肴。

我们可以知道任何食材的属地性质，但一定得灵活把控烹调手段，不然容易跳进一个坑而出不来，难以发挥其更多作用。故此，我在写炒饭、焗饭时不写稻谷大米的具体产地。稻谷大米的形体是粗壮还是修长，是适合煮饭还是适合煮粥，它的存放期以及它的吸水量怎样，等等，这都得去认真考究和辨识。

大鼎炒饭

　　任何海、陆、山、空的食材在烹饪中都能高于大米饭的任何一款，然而海、陆、山、空的食材却无法与大米饭一样能获得主导地位。在民以食为天、吃以粮为主的意识下，现今谈起炒饭事，是希望让大家不忘记，这才是初心。

粿品

天顶一粒星

地下开书斋

书斋门未曾开

阿奴哭爱吃油锥

……

　　这是潮汕人的歌谣，小时候经常听到一些妇人哼唱，好像摇篮曲一样。油锥就是潮汕人的炸油粿，在成形上突出了一头尖尖的蒂，仿似锥出的模样，因有此称。油锥一般是在元宵节出现，特别是生男丁的家庭，主人在请客的时候，都会准备一些油锥来吃和送给客人。客人如果想跟主人家一样生男丁，也可以向主人索讨油锥。

　　这应该和潮州人生男丁请客一样，必须有八珍糯米饭，而且饭还要带有饭丕（锅巴），寓意要兑（跟着）主人一样生男丁。这些都是潮汕人的风俗习惯。

　　油锥的做法也有讲究：糯米粉须加入少许粳米粉后做成皮——单纯用糯米粉去做，皮可能会太软，油锥难以成形。单纯用粳米粉去做，皮可能会太硬，口感欠佳，经过混合是最好的效果。当然也

在乡村的庭外树下，妇女们围着圆桌在做红桃粿

有人加入地瓜泥，用番薯炊熟后碾成泥，加到糯米粉中去。油锥里面的馅料多数以红糖为主，后来逐步添加一些炒熟的花生仁、芝麻、瓜丁，基本上都是甜的。偶尔也有人做成咸的，馅料是以绿豆瓣为主，也有极少人用包菜去做。

有人曾经问过我，潮汕粿品算潮菜的范畴吗？按照汕头潮菜名师李锦孝师傅的解释，大潮菜应该分为广义和狭义的概念。广义上包含宴会、酒席菜肴，大众、家常菜肴和地方风味菜肴，地方风味菜肴又包含各式各样的糖点、饼食、糕类、粿品。

从原材料和烹饪手法等各方面来看，基本上都与潮菜系联系在一起。故此，粿品绝对是大潮菜体系中的一个分支。

潮汕什么时候有粿品，它的来源，一定有人去考究记录，我们就不去纠结了。至于潮汕粿品究竟有多少个品种，它怎么烹制才能达到一定的水平，我们则可以先来做一些统计和进行一些食材分析。

我一直认为，粿品的形成一定和节日、季节有关。潮汕农村一带，除了一些民俗约定的节日必须祭拜之外，各乡村都还有自己"营老爷求保贺"的风俗，也称"大闹热"（热闹）。根据这些节日的特殊意义，大家会烹制出适合时令的粿品。

春节，大家必备的红桃粿、甜粿、鼠壳粿、菜头粿、马铃薯粿等粿品除了必要的祭祀用之外，更可作为节日期间亲友互访的手信和待客之用。过年这段时间，大家都休息了，在相互拜年中又难以有空煮饭，因而粿品是肚子饿的时候最好的补充食物，既方便又好吃，又可邀请客人一起进食，也可展示各自的手艺。

正月十五元宵节，有人把它称为过小年，所以潮汕人喜欢说没有过初一，还有十五可以过。潮汕人把元宵这一天当成大节日来过，不同的是，有人会准备炸油锥，有人会准备发酵粿、花生糖酥饺。

清明时节做的粿品，明显是为了祭拜祖先。潮汕人除了鸡、鹅、鸭、鱼、肉五牲之外，还配置了红桃粿、鼠壳粿和朴籽粿。从祭拜的角度来看，红桃粿理所当然是主角粿品，而鼠壳粿和朴籽粿是适季的品种，特别是朴籽粿（属青团类），具有消食的功效。

因端午节是在农历五月初五，潮汕人喜欢把它称为"五月节"。

朴籽粿和栀粿

粿品的主角依然有红桃粿，有意思的是，这个节日有专门纪念的粿品，它是一款用竹叶包着的粽球，还有栀粿、糕粿。由于人们从大年初一到五月节这段时间，大量摄入营养蛋白，造成食积，此时需要一次给肠胃做清理的机会。如果吃了栀粿后会拉稀，说明对症了，

……潮汕人喜欢说"千金买无五月漏（拉肚子）"。

……的灰去泡水，产生出碱性药味的栀水，然

……需米粉中，做成粿，所以它含驱虫的药效

EX LIBRIS

味趣

人间至味

吃饭配古

……人把这个日子当作 15 岁孩子成人的标志性

……"出花园"。大人们会根据习惯烹煮一些

……一些软粿之类，如落汤钱。

……还将每年的农历六月十五和十月十五定为稻

……宁县的村民会烹制一些谷穗粿——用花生仁

和粳米粉加薯粉做成，一条条像谷穗一样。

农历七月十五，民间称为鬼节，为了祭鬼请吃，人们都舍得了，于是各式粿品都会摆满桌面，让我们看不见的孤魂野鬼尽情"享受"。这也体现了潮汕人的善心。

农历八月十五是中秋，潮汕人为了感恩和祈愿，便有了拜月娘这一风俗。除了一些祭拜粿品之外，月饼和云片糕是主打。澄海一带，还有一种由炒熟的糯米粉做成的月糕。

九月初九重阳节，有一些地方还会做青叶粿，采用的是九种野生青叶混合，和冷饭捣烂，做成粿品，祈愿大家吃后身体健康。此粿在澄海区隆都镇一带最为盛行。

农历十二月廿四，神仙们上天述职，向玉皇大帝汇报一年的工作情况。故而这一天潮汕民间在欢送他们上天的祭拜仪式极其隆重，当然粿品也非常多，而大都是以红桃粿为主。此外，潮汕人有对诸神崇拜的风俗，因此也衍生了一些求神拜佛的日子，多少也都会做一些粿品供奉，人和神明共同娱乐。

综述上面在潮汕比较集中性的粿品，在此罗列如下：

红桃粿、鼠壳粿、菜头粿、甜粿、马铃薯粿（甘同粿）、乌糖酵粿、白糖发粿、笋粿、糕粿、水粿仔、凼粿、栀粽、菜粿、谷穗粿、乒乓粿、油（锥）粿、无米粿（水晶球）、青叶粿、麦粿、墨斗卵粿。

还有一些介乎于米粿与糕点之间，如绿豆水晶球、乌豆沙水晶球、鲜虾芫荽水晶球、酥饺、寿桃。在这些粿品中，有相当一部分的皮是由粳米粉和糯米粉混合做成的，也有一部分以薯粉、生粉、面粉、

红桃粿

澄面做成的，馅料的投入就各不相同了。

红桃粿的馅料调料不同，味道也就不同。例如，红桃粿的馅料
也加入绿豆等。正因如此，粿品才能衍生出更多的款式和口味，

各县的人移居汕头市区，多少会带来他们的风味食品，包括粿品，
比如——

潮阳县的鲎粿、马铃薯粿、谷穗粿、墨斗卵粿；普宁县的菜粿、
炸油粿；揭阳县的韭菜粿、乒乓粿；澄海县的青叶粿、麦粿、鼠壳粿；
潮州市的酵粿、笋粿、糕粿、栀粿。

除了用于节日祭拜之外，在过去，邻里厝边还有互送粿品的习惯，
这让更多风味粿品得到交流。

逐渐城市化了，人们发觉粿品在交换时有一定市场，于是萌发
了经营的念头。早期都是以零散经营方式出现，大都是挑担、推车

鼠壳粿、马铃薯粿和芋粿

走街串巷叫卖着无米粿、咸水粿、鲎粿、栀粿、粽球和炒糕粿。后来又升级到市场摆摊，特别是节假日，懒了的城市人为了方便，便到市场购买，促进了粿品的市场需求，渐渐地把分散在节假日的各类粿品集中在一起，作为日常供应。

粿品作为日常供应，应该是二十世纪八十年代后，从汕头小公园旁老潮兴街的一对夫妻摆卖粿品开始，他们的"老潮兴粿品店"经营得法，深受欢迎，规模逐渐扩大。如今老潮兴粿品店的品种多了，多样粿品已经走出汕头市，输送到全国各地，成为非遗传承的一块响亮招牌。

粿品怎么做，这是一个大问题，还是先以大家都熟悉的红桃粿为例来谈谈吧。过去看过母亲做红桃粿，知道这是一份辛苦活。我总觉得当年以母亲为首的一群邻里妇女，她们做的红桃粿最传统，且味道极好。如果不嫌啰唆，我先从粳米浸水谈起。

粳米处理具体步骤

①粳米经过几个小时的清水浸泡，米粒吸收水分至感觉到松软，捞起滴去水分。

②用石臼仔把泡水后的粳米捣烂成粉，用筛斗将它过筛，让其成粉状，然后晒干。

③晒干后的粳米粉放入大陶瓷钵内，冲入滚水，一边冲一边搅拌，达到黏紧成团后转用手抓揉。在抓揉过程中加入红英米（食物红色素），使整个粳米粉团着色均匀。在冲制的时候，要注意加入一点红英米，这样才能粿皮带红色，是名副其实的红桃粿。

④由于粳米粉团无纤维性，所以需要反复抓揉，并且要保持有温度且不失水，这样粳米粉团才不会变硬。

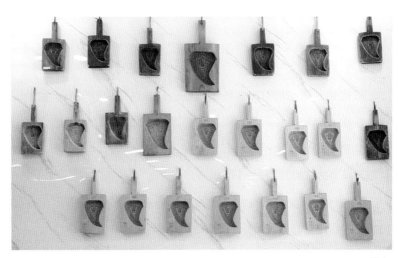

粿印

糯米馅的搭配

①糯米淘洗后放入蒸笼炊熟，炊的糯米饭相对颗粒分明。

②把需要搭配的鲜虾肉、肥瘦肉、湿香菇、干虾米剁成细粒，葱和芹菜切成幼粒。

③把剁好的虾肉等放在鼎中炒熟，随后加入葱和芹菜，调入味精、鱼露、胡椒粉，再和糯米饭搅拌均匀即成馅料。

包装成红桃粿的过程

①根据粿桃的模具大小取出粳米粉团，用手指捏出一个碗形来，装上糯米馅料，用手指捏紧收口，在收口的同时把它修成桃形，便于放入粿印模具压印成形。

②蒸笼里铺上湿布，放入印好的红桃粿，用蒸汽蒸10分钟即好。

红桃粿和粿品都有一些传说，在一路做追溯的过程中，我发现它和客家人有密切关系，特别是梅州大埔县的米粄粿，做法和我们的粿品和红桃粿非常相似，而大埔县人又和潮汕人太有关系了（汕头市区设有大埔会馆便是例子）。

我也一直怀疑，红桃粿是先民为了纪念屈原先生投江而把饭团包装后送到江中，经反复演变而来的，未知是否。

炒粿条

　　叙事式地去描写美食美味，除了要熟悉食材的来源和生长环境之外，还要熟悉它的内在属性和品味。作为厨者，还必须要熟悉烹调过程，才能在饮食王国中解开各个环节的密码。我一直思考着如何把煎、炒、烙、烧、焗、炸等各种烹法简述出来，让更多人了解其色、香、味、形、器、温的相互关联，理解咸、甜、酸、香、辣味道的表现。

　　粿条，似乎是不起眼的小角色，放在庞大的美食体系中，真的是不太显眼。从田间稻谷被收割晒成谷粒，到谷粒加工成米粒是一个过程。从大米被浸泡吸水回软，再磨成米粉浆又是一个过程。将米粉浆蒸成一张张粿皮，而后被切成粗细不同的粿条，再通过不一样的烹炒方式，呈现不一样味道的粿条菜肴……我渐渐领悟到粿条为何能成为潮汕人日常生活中不可或缺的品种。

　　二十世纪六十年代，最能让百姓高兴的是城市每年会举办一两次物资交流会。汕头市新华老电影院旁边的利安路，经常会被临时围蔽起来，作为物资交流会的主会场。主办方会根据各种物资的供应，根据区域而分派成不同摊位。饮食部分理所当然离不开当地一些风味小吃，因而多种风味小吃会被集中在一片区域上。

当年尽管物资匮乏，但仍有人来人往、热闹非凡的场面。大凡平民百姓逛游此等物资交流会，无非是看一些适合家用之物，选购一点。更多的人则拥到各风味小吃摊点前，寻找自己喜欢的小吃，满足一下食欲。那时候我特别喜欢看饮食摊现场加工食物的过程，诸如烹炸一些油粿之类、包粽球、无米粿、煎蚝烙、炒糕粿、炒粿条等，总是有一种仪式感吸引你。

厦门市的饮食同行黄斌先生曾经来找过我，想寻找汕头市的一些小吃，引进到厦门做临街经营。他说要用一味炒粿条，用仪式感的烹饪来吸引路人驻足观看或入室品尝。

黄斌先生的描绘让我眼前一亮，这不就是当年利安路物资交流会出现过的包菜炒粿条的形式吗？我们当年就是这样，只是那时这种经营还没有用玻璃隔开。当年的炒粿条，食材简单，没有肉，只有包菜，按现在的说法叫素炒。供应上不需要粮票，五分钱一小盘。只见煤炭炉上面放着一个特大生鼎，包菜切成与粿条一样粗细的条状，放在鼎中炒至七成熟，然后放入粿条，加入酱油和辣椒酱，洒喷上一点水在粿条上面后，不停地翻炒，让粿条和包菜松开又复合在一起。为了控制油膹的投入，师傅们在翻炒粿条的过程中会时不时喷洒一点水到大鼎中去，冷与热相碰顿时让鼎中发出嗞嗞声。随着铁铲和铁勺的不停翻炒搅动，热气迅速上升。故此民间送给它一个别名——"戏"（洒）水炒粿条。

闲来无事，我会约上几个好友到潮汕各地去寻味。我发觉炒粿条在很多地方有着不尽相同的炒法，搭配的调料、调味品有异，甚至粿条的切法也有别。都是稻谷米浆调成，水质也有区别，偏远山

炒粿条

区的粿条,用山泉水去冲浆,在笼巡上炊成一张张粿皮后,再切成一条条粗细条,炒出来的粿条柔软甘滑香口。

有一次,我们到饶平新丰镇,品尝到一家店的大柴火炒粿条。在简陋的路边店面中,他们蒸粿条和大鼎炒粿条,一切都是用木柴火去完成。

其实,对用木柴火去烧的种种说法,我总觉得是噱头。相较而言,我更注意他们的米浆和水质。城市自来水因消毒处理时加入漂白粉之类,受药性影响,蒸出来的粿条粗硬无柔软度,甘纯也不到位。再者,稻谷米浆有无添加生粉浆也是一个品质的考验,加多了会变硬而易断。而潮汕比较优质的揭阳粿条,在选择大米时更注重米的质量,烹制出来的粿条柔韧有度,弹性强烈,断裂相对少些,非常适合炒粿条。

除去包菜炒粿条有特殊年代原因之外,潮汕的炒粿条真是千样百味。咸、甜、酸、辣、鲜让你尝味不尽。干炒、湿炒和盖料、拌料的手法层出不穷，让你叹其功夫到家，天下竟然有如此之味道。

所谓干炒粿条，就意味着你加料或不加料，粿条炒成后是不能见到汤汁的，而且还要呈蓬松状态，吃时香气蹿腔。湿炒则在其炒粿条成品后，含汁嫩滑，具有厚重的浓汁香气。湿炒时，带有汤汁的盖料，更能让食客看到物料的价值所在。至于拌料炒粿条，最适合用在干炒方面，事先准备的拌料通过混合干炒，使炒的粿条更入味。有厨房经验的师傅，对各种炒粿条自然得心应手。

不同炒粿条的种类在操作过程中也会出现不少微妙的趣味。

"炒牛肉芥蓝粿条"，是潮汕人最熟悉、到潮汕酒楼食肆随时能点到的一个品种。如果在前面加"沙茶"二字，即变成了"炒沙茶牛肉芥蓝粿条"。从名字就可以看出两款炒粿条不同的味感方向，其区别就在沙茶酱上。如果在炒芥蓝粿条的基础上加入菜脯粒，则可以取名"炒菜脯芥蓝粿条"。

有季节性的炒粿条要算入夏时的"笋丝炒粿条"，特别是在揭阳市的埔田镇，人们使出浑身解数把笋丝炒粿条烹得有声有色。加入虾仁即是"炒笋丝虾仁粿条"，加入鸡肉丝就叫"炒笋丝鸡丝粿条"。

潮汕人炒粿条都比较注重海鲜料的投入，其中以鲜虾仁、鲜鱿鱼最为普遍。炒的时候配上豆芽、葱段，或者番茄、葱段，非常有特色。同时也可以用干炒或者湿炒的方法进行烹制。也有人喜欢用活鲍鱼去炒粿条，将粿条提上了一级档次，价格不菲。用活鲍鱼去炒粿条，鲍鱼要清洗干净，切成薄片或齿形条状，具体视其搭配的辅料而定。本人觉得最好是取芥蓝心叶，用半湿的炒法，这样既能使粿条有浓汁味感，又能使鲍鱼有鲜味。

湿炒牛肉芥蓝粿条

"佃鱼"是潮汕人的叫法，学名龙头鱼，广州人称之为九肚鱼，国内大部分叫豆腐鱼。

　　还有一味很特别的"炒佃鱼粿条"，其操作难度相当大。首先要把佃鱼去掉头骨，取出佃鱼肉。因为佃鱼肉容易散开，在加入粿条中去翻炒时要特别小心，否则会影响菜品的美观。"炒佃鱼粿条"味

粿条的制作过程

道鲜美，处理得当，绝对是难忘的美味。

"师傅，客人点的黄金茄汁粿条，煎好没？他们在等着呢。"听到这类催促，厨房师傅都会不耐烦地回话。因为"煎黄金茄汁粿条"是一个费工夫的厨活，且一般上这个菜时又是工作的尾声了，累了。但这确实是一味值得推崇的煎炒粿条，搭配合理，酸甜有度，开胃惹嘴，特别吸引人。

"煎黄金茄汁粿条"，更主要是有干炒与湿炒同时存在的厨艺技巧。读者不妨了解一下这个操作过程。

这道菜在上席时可根据人数分位，也可整盘上席，同时配上番

煎黄金茄汁粿条

原材料：米浆粿条2斤，生番茄3粒，茄汁2两，猪颈肉2两，鲜虾仁2两，葱2根

调配料：味精、白糖、鱼露、酱油、麻油、湿粉、生油

🍲 **具体步骤：**

①将粿条撕开分离，用少许酱油上色候用。把生番茄用滚水烫一下，撕去外皮，切开后除去内籽，用刀捣碎候用。葱切成小段，候用。

②猪颈肉切细片，鲜虾仁片开，然后用酱油上色腌制，挂上湿粉护身，候用。

③鲜虾仁和肉片拉油，再把番茄碎放入鼎中煮成浆状，调入葱段、茄汁、白糖、味精，再把肉料汇入，调至适合的口感后，装进煲中。

④烧鼎热油，投入粿条，通过炒热、炒透后铺开，然后用慢火煎至两面金黄色。

茄汁，由客人自行调配。

炒粿条确实与潮汕普通老百姓的日常生活息息相关。你若问我吃什么炒粿条，我最喜欢的是炒蒜仔粿条，用干炒的手法去完成。按照一成蒜仔、二成芹菜和三成青葱搭配，然后切细段节，还需要一点鲜虾剁碎和猪颈肉片来支撑味道，关键还要有鸡蛋的加入。

先把粿条用油炒开后煎至黄金色，再加入鸡蛋（目的是收干油分和提香气）。蒜仔等辅料通过热炒后，调和味道，适量保留点汤汁，把煎好的粿条汇总，迅速翻炒，在鼎气的衬托下收干水分。此时的干炒粿香气足，松爽口，更有蛋香的芬芳绵延。

以上所写的炒粿条品种都是我亲历过和烹制过的，与他人的炒粿条无关，与其他人的看法也无关，纯粹私人心得分享。

炒面

在老标准餐室的厨房里，陈友铨先生在生煎一盘伊面：他手握铁鼎轻轻地摇，时而把鼎放入炉中，时而将鼎带离炉火。他慢慢摇着，偶尔滴点油沿鼎边注入，让它随着热气慢慢流入鼎中。他非常耐心，过程中还要时不时把伊面翻转过来看一下，确保让伊面有一面呈金黄色。

烹制一盘生煎伊面要花费如此工夫，让初入厨的我们印象深刻，至今不忘。

在炒面条的类别中，生煎伊面和熟煎伊面，绝对是上了档次的出品。然而今天已经见不到这种慢煎伊面，特别是生煎伊面的场面了。因为这是一个慢工细活的工作，特别费神，如今的厨房师傅都不愿意再这样付出劳力。

曾记否，饮食界老前辈梅伯在休闲时，用半是讲古的方式，为我们解说一些旧时饮食事，包括潮州伊府面的故事。

相传古潮州府有一位姓伊的知府爷过生日，厨夫用鸡蛋代替清水加入面粉，通过揉搓后擀成面条，然后放入鼎中用慢火去煎，配以韭黄和火腿粒，最终煎成了一盘金黄色的长寿面条，香气十足，

几乎每家潮汕店铺里都有的炒面

十分可口。知府爷高兴，遂赏银两。

　　由于故事发生在潮州知府爷家中，知府爷姓伊，后人便把它称为潮州伊府面。故事的真实性已经无人去考究和验证了，费功夫的生煎伊面却经多次改变，留传了下来。

　　一度流行于香港的港式潮菜中的干煎伊府面，便最先改变了它的原料和原始煎法。香港的伊面用色素添加到面粉和鸡蛋中去，让伊面的色泽更加艳丽。在干煎伊面时也改变了原来的慢煎方法，在简单湿煎后，便放入烤炉中去慢烤至双面金黄，与传统的单面煎有根本上的区别。

　　伊面的做法，可不能单纯以一个煎法作为代表。其实它更多是放在焖上，典型的有"鸡丝焖伊面""海鲜焖伊面""龙虾焖伊面""鹅肝酱焖伊面"等。

许多人不理解，面条应该是用在炒或者泡汤上比较多，伊面则更多是用焖的手法去完成，而有历史传说的潮州伊府面，却用一个"煎"字去完成，真有意思！

解读我认识的潮州伊府面做法，就不难理解了。伊面的初加工是用鸡蛋与面粉和成，不渗透任何水分，面团质地相对柔硬，其后又通过热炸，面条无含水量，达到可以存放多天的目的。

焖伊面和干煎伊面的过程中，需要把炸好的伊面进行回软，让其吸入更多水分或汤汁，达到柔软的程度，只有采用焖的手段才最适合。下面是我们当年加工伊面的材料和过程记录。

伊面加工

原材料：面粉1斤，鸡蛋4两，生油适量

具体步骤：

①先用鸡蛋把面粉和在一起，用手搓成一团，再用擀面槌擀成薄薄的一张张蛋面，叠成有层次的卷，再用刀横切成细幼的面条。

②水煮沸，把切好的蛋面丝分成四份，放入滚水中煮熟捞起，放入冷水漂凉再捞起，沥干水分候用。

③烧鼎热油，把漂凉后的蛋面丝逐份放入油鼎中热炸，炸的时候会迅速膨胀，在伊面条呈金黄色时捞起即好，这样的伊面能存放多天。

猛火炒面

　　论炒面条，潮汕人不会不知道普宁县的炒咸面线，因为它很特别。普宁人把面条加工到很细很长，故而不叫面条而叫面线，也有人把它叫成长面线。此种面线能储存一定的时间，因为面中加入了盐，特别是在过去，它的含盐量极高。

　　感谢智慧的先民，他们想到了用盐来延长面线的存放时间。曾经的普宁县，每逢过年过节和有喜事，四乡六里的乡民都会炒咸面线和烰油豆干，招待四方来客。

　　炒咸面线，须特别注意的是要先行泡煮，然后浸漂稀释盐分，待冷凉后把面线剪短，便于翻炒。辅助材料最好是韭菜、豆芽和煎过的猪油渣（膀粕），简单的搭配是创造美味的最便捷方法。若论炒咸面线的品味，回锅炒的咸面线更好吃，信不信由你。

　　潮汕沿海地区有一款面条，它不是用面粉做成的，而是用鱼肉做成的，叫鱼面或鱼面条。鱼面，最早应该是在惠来县或潮阳县等沿海的小渔村出现。那里的人们在制作鱼丸的同时，又用鱼泥浆创造了另外两个品种——鱼饺和鱼面。

　　原始的生鱼面是把鲜鱼通过刀工，取出鱼肉，剁成鱼泥，经摔打至起胶质，然后一边轻轻擀平，一边撒入干芡粉让其不粘案板，直至擀成薄张状，经对折重叠后用刀轻轻地切成面条状。过去，我们在炒鱼面条时需要一些辅助材料来搭配支撑，才显得派头十足和鲜味香气到位，特别是配上鲜虾仁和韭菜黄、豆芽菜或葱段，最关键还要有适量的鲽鱼末。

　　炒鱼面条的时候，要先用滚水把生鱼面条烫熟后漂凉。把鲜虾仁、韭菜黄、豆芽菜放入鼎中炒熟，注入少许上汤，调上味酱，勾少许薄芡，然后把鱼面条汇入混炒，在鼎中多次翻炒至稍微干身，再撒上鲽鱼末即好。此种炒鱼面条，味鲜、嫩滑，可做菜肴，也可做主食。

　　今天菜市场摊档上所摆卖的鱼面，已经不是过去慢工细活做出来的生鱼面条了，大部分是用熟鱼酵饼切成细条的鱼面条。鱼泥胶浆通过蒸汽炊成鱼酵饼，然后用刀切丝，虽然有弹性，也爽口，然而鲜味减少，缺乏"滑嘴感"，比起生鱼面条，各方面都稍差一些。

　　民间有一款手擀面条，特别诱人，在全国各地的家庭都曾经有过，非常流行。手擀面条的随意性也非常强，搭配的辅助材料也比较广泛，既能填肚充饥又可享受美味，一举两得。

　　我喜欢上手擀面条应该是在二十世纪六十年代初期，当时侨居泰国的母姨寄来一包大米和一包面粉。大米用于煮粥煮饭自当不在话下，面粉就要变着法吃了。那时候油脂之类相对紧缺，要炒一盘手擀面要等到节日来临或者有客人到来，其余多数是把面粉擀成面条后去煮汤。

炒手擀面条，先把面粉加水后搓揉成团，再用擀槌压滚成面张（家庭无擀槌可用酒瓶代替），然后用刀切成粗细条。煮滚水把手擀面条泡熟捞起，转放入清水漂凉，用少许生油拌均匀，让面条相互间不要粘连。炒手擀面条，潮汕家庭多搭配五花肚肉片和豆芽、葱。他们把五花肚肉切片，放入鼎中慢煎至出油，然后加入豆芽、葱一起炒熟，调上味酱，勾上薄芡，再把手打面汇入鼎中，用铁铲迅速翻炒，收干水分后即好，此时香气十足。

炒手擀面条，被逐步引入酒楼食肆后，也提了档次。酒楼食肆会加入鲜虾仁、鸡丝、肉丝甚至鲍鱼片。菜料搭配上多数选择豆芽、韭菜、葱、笋丝、番茄等。炒手擀面条，直观上判断，它不会因受到碱水的加入而产生厚、重味之分，更不用顾及其手工切面条时的粗细影响。

有人曾问我，如果选择一项有关面条的品种去经营，你会选择什么呢？我曾经幻想着开一家潮式干捞面，自己卤肉，自己调酱，甚至自己擀面，每天限量五十碗，店名就叫"老钟叔干捞面店"。哈哈！至于炒面嘛，有点费力气，真的不敢想了。

伊府面与咸面线

　　把丝丝的蛋面煎得一面金黄，一面蛋香气十足，然后撒下韭黄末和金华火腿末，再用慢火把金华火腿的肉香味煎到四溢飘香。起鼎后放在平盘上，用刀叉对开切角，用芫荽点缀，配上白糖粉和陈醋，即刻上席。这是一款早期潮菜厨房称之为潮州伊府面的菜肴，它的

伊面

美丽传说前文已述，作为厨师的我，更应该关心的是，目前流行的伊面做法是否好吃，能不能多一些做法。

细思下，"炆肉丝伊面""炆鸡丝伊面""炆龙虾伊面""炆鹅肝酱伊面"跃至眼前。这些伊面的做法，都是传统潮州伊府面的演变，在款式上也改变了很多，现在无法纠正出品的偏差，但有必要在传统做法上做一些介绍。

伊面做法

具体步骤：

①伊面加工时，按面粉 500 克配鸡蛋 250 克的比例进行和面，经过反复多次擀压，碾成蛋面薄片。再进行线条切配而成为蛋面条。

②先把蛋面条分组成分，滚水煮透后进行清水漂凉，捞干。然后用干净的油逐份油炸，形成松蛋面固状，色泽呈金黄色。初步完成了半成品熟伊面（可以存放多天）。

③炆或者煎伊面的时候，必须取一定分量的伊面进行回水复软，特别要用滚水煮至面条软身后才能捞起。

④炆伊面和煎伊面是用两种不同的烹调法，在搭配辅料上不尽相同，一定要明白，不能混淆。

完成一味干煎伊面，在操作上还是比较辛苦，特别是在煎至金黄色的时候，火候控制是需要有一定功夫和耐心的，故如今被许多厨师弃用。现在大家大多采用炆的方式去完成，效果也不错。下面介绍一例炆鸡丝伊面，供大家参考。

炆鸡丝伊面

原材料：炸熟伊面 500 克，虾仁 100 克，鸡丝 200 克，韭黄 50 克，香菇红 25 克，上汤 500 克，芫荽 10 克

调配料：味精、鱼露、胡椒粉、麻油、生油、薄粉、浙醋各适量，水少许

具体步骤：

①先将虾仁、肉丝拉油候用，再将香菇丝、韭白炒香候用。

②用上汤将伊面炆软，再投入所有配料，和其他调味料一同烩均匀，加点薄粉水收紧汤汁即好，最后芫荽点缀，配上浙醋。

特点

浓香入味，口感嫩滑

除了以上的伊府面，我认为在潮汕地区最具有代表性的面条当属普宁咸面线。这种咸面线是用粗麦粮加盐后拉成线条，晒干后卷成一捆捆。

过去，食材的生产和存放技术相对比较落后，所以加点咸度，能最大限度地让面线得以保存，这就是普宁咸面线一直存在的理由。

在潮式酒楼中，普宁咸面线是必备的食材之一。它同卤鹅、沙茶酱、牛肉丸、炸薯粉豆干一样，会被很多潮汕人视为思乡情结。每到一处潮式酒楼食肆点菜时，潮汕人大都会要上一盘沙茶牛肉、一盘卤味和一盘炸薯粉豆干或者炒盘咸面线。

咸面线最传统的炒法，应该是普宁人的炒法。他们大都是以豆芽、韭菜加膀粕去炒，此味虽单纯然而香气足。

咸面线

炒咸面线有以下几点需要特别注意：

一是咸面线需要进行飞水、涨泡、漂凉、沥干水分，去掉少许咸质，同时让面线体积得到恢复。

二是炒咸面线的时候，没必要添加任何肉料或者海鲜料头，如果加入这些肉料和海鲜，反而效果不佳。另外，咸面线复炒最佳。

除了炒法，还有一味炸咸面线圈：咸面线泡水后，用竹筷子卷起一圈圈，蘸上鸡蛋液，然后放入油鼎内热炸至金黄色捞起，配上糖粉，绝对是一味非常可口的民间小吃。

除此之外，煮咸面线汤也是极好味的，特别是搭配佃鱼，更是

鲜味无限。这款做法是鲜为人知的，今天介绍这款佃鱼煮咸面线汤，让你也能学得到做法。

佃鱼煮咸面线

🍲 **原材料：** 佃鱼 500 克，咸面线 200 克

🧂 **调配料：** 葱珠、芫荽、冬菜、味精、鱼露、猪油均适量

🍳 **具体步骤：**

①佃鱼开膛去头，洗净切块，用鱼露腌 20 分钟。清水煮开，把咸面线飞水后漂凉候用。

②取锅注入清水煮沸，清水要根据食材多少而定。水煮开后投入佃鱼（投入前要把鱼露浸液沥干），再投入咸面线，依次投葱珠、冬菜、芫荽、调好味精、猪油即好。

特点
咸面线幼滑，
汤清甜，鲜味
强烈

特别提醒注意：佃鱼煮咸面线一定要用清水，不适宜用肉骨汤之类，这样才能保持佃鱼的鲜味。

标准餐室的烧卖

香港及珠三角等地茶楼的早点中，有三个品种是必卖的——虾饺、肠粉、烧卖。

虾饺主要由皮和馅合成，皮的原料由澄面冲后和成粉团（厨房术语叫"冲钢"），用刀抹油然后用力碾平，再逐粒包馅，捏制成饺形。馅是用虾仁制成的虾胶，广州称为"百花馅"。值得一提的是，这种馅最先是一位名叫崔强的师傅创制的，故此在广州点心界，他被称为"百花强"。

据介绍，百花馅的虾仁首先需要经过一种食用碱水浸泡后，用盐水清洗沥干，再进行搓、揉、摔、拍的加工手段，让虾仁的胶质黏性紧凑，炊熟后达到脆感强烈的效果。炊熟透后，整个虾饺呈现透明形体，花边卷起，内透着虾红色，好看极了。

肠粉，是一种由粉皮裹夹着馅料的风味小吃，在广州家喻户晓。肠粉的叫法，从外观到里面都非常形象贴切。

至于烧卖，在广州为什么叫烧卖呢？我也不知道。可能是这个品种需要趁热卖掉才好吃的意思。虾饺和烧卖一样，都是小蒸笼装的，每笼四小件，以非常固定的模式买卖。

今天想说烧卖的事，就必须先把制作过程介绍一下。

具体步骤：

①面粉加鸡蛋液，通过揉和后分成小团，然后用面槌逐粒擀平。

②肉馅用刀剁成肉碎后，调入味精、盐进行和味，然后用力搅拌、摔打，让它有一定弹性。

③包的时候面皮放左手掌上，用竹批把肉馅往面皮内一拨，左手一缩形成小圆团，竹批在小肉团上面轻轻抹平，一粒烧卖就大功告成了。

汕头的"烧卖"，应该是原标准餐室最先推出的，他们不叫"烧卖"，而叫"小米"，后来的人称之为"标准小米"。为什么叫"小米"，我至今也弄不明白。然而，我一直觉得汕头标准餐室的"小米"

烧卖，汕头人称小米，如今又写作宵米

探访标准餐室

应与广州的"烧卖"有关系，一是形状和做法相同，二是摆卖上也基本一致。

我认为，应该与读音上的谐音有关。广州话"烧"的发音和潮汕话"小"的发音有接近之处。极有可能是潮汕人用广州话叫"烧卖"而发音不准，久而久之变成另一种发音，误读又误写，变成了今天的"小米"。

如今，汕头人又把它写成"宵米"了，有可能在一段时间后，"宵米"又会成为流行叫法。

炸油条

　　杭州西湖边有一座岳王庙，庙主是岳飞将军，将军前面跪着被捆绑的秦桧夫妇。据说宋朝民间特别痛恨秦桧夫妇，解恨的办法是把他们捆绑在一起，扭曲后放入油锅热炸，号称油炸鬼，后来的炸油条就是由此演变而来。

　　还有一个传说，岳飞将军与秦桧在天堂相遇了，岳飞将军抱怨说秦桧丞相把他陷害了，丞相秦桧大呼冤枉，说我秦桧纵有天大的权力也无胆量杀你岳飞将军，你虽有盖世武功，但你不明白一个道理，救回一个先皇帝，那现任皇帝的位置如何摆放？劝你回来，你却一意孤行。皇帝一连下了十二道金牌才把你召回来，岂不是皇帝要杀你？岳飞将军听后无语，真是莫须有的罪名啊。

　　如今这种解释能够解开油炸鬼的迷绳索结，却不能还秦桧夫妇清白之名。别管他们了，离我们太久远，还是说说油炸鬼吧。其实，作为食物，炸油条更好听。过去炸油条是把面粉加入发酵水发酵，再加少许花生油、明矾、盐、白糖和五香粉后注水，用手和成面团。反复用力搓揉后，产生一定筋道，再让其重新醒酵发软，便可改细条进行热炸。

膀渣粿

　　加工制作时，在两条中间蘸点水让其贴紧，轻压后再拉长入油鼎热炸。热炸过程中要用竹筷子迅速翻转，让其四面受热而膨胀起来，呈金黄色时捞起，整条膨松轻盈，脆感强烈。也有的人在入油鼎热炸前，除了拉长之外再扭曲一下，有如绳索相盘状，再进行热炸。原因大概如前文所述吧。

　　汕头人则喜欢把油条称为膀渣粿，其实炸油条和膀渣粿是两款配比不同的油炸制品。两种食物的加工制作过程基本一致，只是膀渣粿必须加入适量的猪油，热炸时也是用猪油。且膀渣粿切短改粗，两条相扣，中间用手捏紧，油炸后呈现蝴蝶花形，入口带有动物脂肪的酥脆气息。

　　我曾经问过老师傅，为何做成如此短粗，不跟油条一样长呢？老师傅只是简单说加入猪油的油条韧性筋道不强，比较容易断裂，所以不宜拉得太长。

　　说起炸油条，就不得不说到老标准餐室的蔡茂文师傅，他师承点心大师傅胡烈茂老先生，学得真传。在标准餐室点心部工作期间，他是唯一烹制炸油条的人。身材高大的他，操着淡化了的澄海口音，有点沙哑和小结巴，是个老实人。

我曾经有两个早晨看过蔡茂文师傅发制油条的过程，他一边示范一边讲解：

用一个大土钵，倒入面粉，加料，注水，一切按照常规的手法把面粉和成团；用力压下去，抓起来再用力压下去，反复抓起，用力靠压，手一边抓一边蘸水，一边蘸水一边抓，如此反复，让面团在边抓边渗水进去后软身并产生筋道。

老标准餐室的炸油条是一流的，且每天早上的供应数量也有限，所以一早就要排队。当然排队中的市民也有兼买其他早点的，例如小米等。十年以后，我和蔡茂文师傅又一同调入鮀岛宾馆餐厅部工作，蔡茂文师傅在点心部担任班长，继续发挥他米面制品的烹艺技术，为中式包点、馒头、早茶点心的供应付出努力。

猪肉大包

2017 年 9 月 16 日，风和日丽，一群老标准餐室的员工，共二十多人，围坐在汕头市东海酒家十二楼的圆桌上，敞开心扉，共叙流逝的岁月。欢声笑语的这群人都已上了年纪，不忘却的故事在一次次谈笑中被引出，想念着某些人，思念着远走了的人。移居香港生活的郑则辉先生悄悄地问我："胡烈茂师傅今何在？"我低声回应说："他走了，他走了很多年。"郑先生顿时无语，只是一声叹息。

胡烈茂师傅是郑则辉先生在标准餐室点心部工作时的米面制品师傅，也是我后来在鮀岛宾馆餐厅部工作时的同事。很多人对胡烈茂师傅不了解，历史上对他也有多方面解读，我们不便置评。但是胡烈茂师傅的点心烹制技术绝对是一流的，在国营年代的汕头市饮食服务公司，其技术权威是不容置疑的。

在二十世纪五十年代初，他与张上珍（大埔人，标准第一股东）、陈荣基（点心师）、蔡得发（厨师）、蔡福强（厨师）、童华民（楼面技师）、陈文光（买手）、杨壁元（楼面技师）等人共同创办了标准餐室。标准餐室即开即旺，很多名菜名点如炒蚝蛋、炊百花鸡、干炸肝花、酸甜排骨、豆酱焗鸡、及第粥、小米（烧卖）、糯米盒、炸

猪肉大包的馅料

油条、生肉大包等，在那个年代出品上是特别诱人的，至今还有很多
人想念着。特别是那直接用生肉去腌制的南乳生肉大包，每天都有许
多客人在门前排队等候，只要蒸笼打开，就会引得一阵骚动。

　　可能是离开标准餐室太久了的原因，郑则辉先生说他在标准餐
室时没有腌制过生肉大包，只做叉烧包，即刻收到在场的全体老标
准餐室人的一片"唏嘘"声。见他丈二和尚摸不着头脑，胡国文师
傅马上用一个例子说明了一切。

　　"肉是剁粒的，腌制是用红腐乳块和南乳汁，以及沙茶酱、白糖、
酱油、白酒等。负责腌制的是蔡茂文师傅、蒲雄生师傅、李耀坤师
傅他们轮流着，腌制时间需要八小时以上。而每天的面团都由郑则
辉先生捻成一粒粒，每粒一两六钱，生肉馅六钱，总重为二两二钱，
不能超二两三钱。肉包的花卷捏为十二至十六捏卷。"胡国文师傅

的一席话，让郑则辉先生释疑，也让大家信服。

人尽欢愉客欢归，一切归于平静了。但生肉大包尽在我脑中盘旋，我突然想到了二十世纪六十年代初的故事。当时我还在读小学，汕头街头流行着一句民谣："美国仔，鼻高高，想吃中国人民的猪肉包。"少年时不懂事理，认为国家经济上有困难，大家勒紧裤腰带，支持国家建设，理所当然。平时饮食上，我们已经是少肉减鱼了，哪有猪肉包可见得到？我们认为美国人可能也是和我们一样生活艰苦，才想到要吃我们的猪肉包，也能理解。

年龄渐大，方知美国仔欺负人，他们牛奶吃不完倒入臭水沟，还想方设法欺负中国人，连我们日常生活的猪肉包他们都要抢去吃，真是可恨可恶。

随着时间的推移，如今来往多了，方知都是一些笑话。如今勾起这一则往事，且乐着吧！

干捞面印象

　　泡面师傅用娴熟的手法操弄着，生面条逐份抛进滚水锅中；随手取一只碗，调上肥卤汁，和上芝麻（花生）酱和几粒味精；再把锅中的面条捞起，顺手抖几下，把含在面条中的汤水抖干净后，倒进调好酱汁的碗中，用竹筷迅速搅拌。随后叠上几片切得薄如纸的瘦卤肉，轻轻淋上少许的肥猪油，再加一点葱珠、芫荽点缀助香——这就是许多汕头人心爱一碗干捞面。

　　目前汕头市就有几款值得一说的干捞面，他们是老牌的爱西饺面店的芝麻干捞面、大柴花生酱干面、潮阳塔脚干面和佳武干面。保留得比较传统的干捞面，应首推汕头市爱西饺面店。

　　此店坐落于外马路与国平路转弯角，即国平路1号。按照对泡面条的理解，爱西饺面店的干捞面在传统的泡面方法中做得比较好，在价格上更适合普通大众，因而一直生意兴隆，长盛不衰。

　　我也是干捞面的爱好者，为了满足味觉需要，会隔三岔五跑去点一份想要的干捞面，特别是到爱西饺面馆去。

　　这家店创于二十世纪三十年代，由卢姓大埔人创办，具体名字已经无人提及，只知道他曾在原来西南通酒店的斜对面摆着临时摊

干捞面

档，经营了一定时间后才租得此门店，终得入室经营。面店一直都以干捞面、炸胜饺为主，兼营粿条汤、面条汤和丸汤、鱼丸、肉杂汤。1956 年企业进入公私合营后，汕头市比较大的酒楼食肆都归口到国营单位去了。规模比较小的小吃店大部分并入集体合作商店，成立统一合作管委，同时也纳入市级饮食服务公司的管辖。改革开放后，由普宁人罗氏承包经营，故此有人把它说成是罗氏创办，这应该是误解，毕竟承包者与创办者不同。

为什么会被冠称上"爱西"二字？许多人都认为这是一种"中不中、西不西"的叫法，不知道其中有什么文化内涵。

我听到的第一版本，是说卢氏租得铺面后，觉得此铺面向西，又是西南通酒店楼下的一部分，而潮汕有一句俗语"铺向西，富到无人知"，于是就把店名叫爱西饺面店，一直延续至今。据说在之后某个时期，它差点被改名。

早期饮食行家蔡童先生透露过，他说这是因一句英语误读而造成的。汕头老市区这一带距离码头、口岸较近，经常有一些外国人出入，到处逛吃。当年外国人到这家摊点吃干捞面时，觉得非常好吃，想要来一碗干捞面又叫不出名字来，他们便用筷子夹面条的弯曲度，比画着喊成"S"，由于语音的关系，觉得像是叫爱西一样。叫之叫之，这"爱西"二字便被留住了，冠名成店了，一直经营至今。这是我听到的第二个版本。

近百年了，汕头人民一直记着这家爱西饺面店，理由很简单，他们做着一碗看似简单却不简单的干面，用心做一种不变的味道，留住了一群不变的客人。

如今爱西干捞面已经取得中华传统名小吃牌匾和百年老店字号。爱西干捞面这种传统泡面方法作为汕头市非遗文化，也已经传至第三代传承人林氏师傅手上了。上级机构的这种苦心，目的是希望他们把这一味道和民俗饮食文化继续保留下去。

我结合自己是厨者和泡过两年粿条、面条的经验，分析干捞面的一些因果关系。若具备了以下一些条件，此碗干捞面一定好吃。

一是制作面条必须选用普通面粉（无须细面粉）。这种面粉带有粗纤维性质，又兼带粗糠香味。在加工和成面团时必须加入食用纯碱（碱水具有疏水和消食功效）。加工成面条要采用传统竹槌去擀面，而且要反复擀压，这样更能产生筋道和嚼劲（此手法又称为竹槌面）。

二是必须调好干捞面的拌面酱汁和叠配在面条上的卤肉。这是烹制一碗干捞面最为关键的一个环节。按照理解，选用猪肉用酱油去卤，卤肉可以作为叠肉之用，其卤汁可以用来调和芝麻酱（花生酱），作为拌干捞面的酱汁，目前这是最佳拌面酱汁。

三是干捞面必须搭配一碗好汤。许多饺面店在制做成干捞面的同时，都会顺带搭配一碗汤，让客人在吃干捞面的时候，能喝上汤水来缓解口干。这一碗好汤，强调要有特色，可以单独清汤或者配上肉丸、鱼丸之类，或者猪杂、海鲜，加上葱花、柠檬、酸咸菜、生菜之类，都会鲜味无限。

要提醒注意的是，一些人会把陈醋直接淋到刚端来的干捞面上，像在增加味料一样，但这种加法是错误的。这样的吃法会影响干捞面的芝麻酱香味道。淋上陈醋主要还是因为感觉到油腻，想借陈醋解腻。

我们熟悉的北方干捞面，都是在泡面过程中使用过冷河方法，目的是让面条不粘连而爽口，也便于酱汁、酱料的搅拌。而汕头干捞面则不同，这干捞面是需要热面热吃，所以在搅拌的时候必须加入适量肥猪油，让面条不粘连，同时又能增强它的香气。

番薯

今天吃什么呢？好朋友曾建新先生提出煮番薯粥，大家一致说好。李楠先生建议番薯刨丝来煮粥更有意思，更能体验到二十世纪六十年代的生活韵味。

如果是这样，那必须交代历史上番薯的种种表现。"番薯抽"是由一块木板穿孔装上很多铁皮斜孔，铁皮斜孔在板面上稍微高一点。番薯洗净去皮后在板面一侧用力推去，木板的另一侧就漏出丝丝状的番薯丝来。煮番薯丝粥非常有趣，过去是大生铁鼎放灶内，当生米滚至半爆花时，家庭主妇便在鼎沿上，往滚粥里刨入番薯丝，番薯丝落鼎后一下子就熟透了，量多量少以自己判断为准。

家庭吃番薯丝粥，搭配上都是腌咸菜、煎菜脯蛋、南乳豆干粒、"咸纠"麻叶等这一类普通杂咸，在过去是必不可少的。如果是惠来等沿海人，加点鱼饭就是最惬意的生活。

大潮汕地区，除了上述番薯丝粥之外，还有一种是番薯剁块煮粥的，口感截然不同，实际上更是显示了不同的生活条件。

潮汕民间形容煮番薯丝粥是"缸鱼挠水蚊"，意思是粥粒稀少像蚊子一样，当番薯抽丝加入粥中又如缸鱼一样游荡。一句苦涩便反映了当年的艰辛生活。番薯块煮粥，则如"猪脚炖薏米"，番薯形似猪脚剁块，放入薏米中同煮，事实上暗示着生活比"缸鱼挠水挽蚊"要好。

番薯，也有人叫地瓜，是种在田埂地上的根茎植物，它成熟了的茎在地下，状如瓜果。番薯的生长期为三至四个月，产量颇丰，因是外来植物，遂被冠以"番"字。番薯品种繁多，以地方的爱好及种植地命名居多，汕头市过去有很多叫法，如"老嬷种""韭菜""鸡爪""乌骨企龙种""水芋种"等，都是民间的土名。

番薯也分为粉多和粉少两类。名为"老嬷种"的白色薯类，个头大，整个呈白色状，粉的程度高，产量非常低，后被嫁接成其他品种了。据说"老嬷种"已消失。

名为"韭菜种"的番薯，其肉带淡红略黄，甜而胶黏糯，番薯叶有如韭菜叶，所以被称为韭菜种，也是因产量少，最后被淘汰了。

"鸡爪种"是红心肉，甜而甘硬，存放一段时间，糖的氧化让番薯松软柔糯，特别好吃。植物的叶有如五指毛桃的叶，形似鸡爪掌，故称为鸡爪种。也因个头太小和产量少，在那个需要产量的年代，被嫁接成其他品种了。

"乌骨企龙种"，不可思议的一个番薯名称，有如武侠小说中的某个武林高手，施展着变幻的拳手，让你赞叹。"乌骨企龙种"番薯又粉又甘甜，遗憾的是个头瘦细，长相又不好看，弯曲多而且网筋也多，吃时体验不佳。

不得不说的还有一种"水芋种"的番薯，色泽不错，大叶粗藤，不粉也不甜，有点带甘但水脆感强烈，吃时口感极差，优点是产量非常高。在需要产量的年代，自然被留下了。

番薯

农业科学研究所的专家有嫁接术，把很多产量少而又好吃的品种与产量高但口感差的嫁接在一起，经过逐步改良，达到了产量和质量的平衡。就这样，另一类名称的番薯也出现了。潮汕人所称呼的"干部种1号""干部种2号""普宁6号""普宁3号"等番薯新品便是当年嫁接出来的产品。

历史上，番薯的作用有很多值得思考，它在弥补粮食不足的作用上，永远不能磨灭。在饥荒年月，番薯在填饱肚子上功劳不小。除了煮番薯丝粥、煲番薯饭，更有直接烤焙番薯、切薄炸番薯片、糕烧番薯、反沙番薯块。特别值得一提的是大热天的生姜红糖水煮番薯，既充饥又去暑，很多人一到夏天就想吃。

在日常烹制中，利用番薯粉调制的成品种类有很多，比较突出的有番薯粉菜粿、韭菜粿、菜头粿、炒薯粉条、绿豆爽、煎蚝烙、薯粉豆干。在调和菜肴中，番薯粉加水搅拌后作为勾芡的用途被广泛运用。在食材油炸时，用薯粉作为挂浆的比比皆是，让菜肴烹饪得到补缺。

在食物紧缺的年代里，番薯让很多人吃到生厌；而今的生活丰富多彩，物质富足了的人们反而觉得番薯很可爱。

多年前联合国一个权威部门在颁布最佳食材时，把番薯列在食品中的第一位，特别是红心番薯。营养价值我说不上来，但它在人体中清除渣物的功能是一流的。我揣测，通便是人体最好的生理条件反应，通则顺，这可能就是最佳食材的主要原因吧。

荷兰薯

过去从汕头市区要去达濠镇，须坐渡船过礐石海，然后骑单车或步行才能到达。如今不仅有了大桥，还有海湾隧道通南北岸，前往达濠镇方便多了，濠江区也成了汕头中心区域。

以前，达濠镇属潮阳县管辖，是一处渔产极丰盛的码头，以海产烹制的菜肴极多。鱼饭、鱼丸、鱼册、鱼饺、虾丸、墨斗丸、墨斗卵粿、鱿鱼丝、荷兰薯粿……数不胜数。

写达濠，必有达濠事。真的，做饮食的人，忽然收到电视台美食节目主持人卓帆女士送的两条荷兰薯粿，说是达濠城区人做的，当地人叫蛋卷。一试，感觉还真不错，有意想不到的海鲜味，特别是那种干鱿鱼香气藏留在荷兰薯中，煎后香气飘出。由此产生了要到达濠城区探店的念头，想去看看这家做蛋卷的荷兰薯店。

蛋卷也买回来了，为什么把荷兰薯粿叫蛋卷却问不出来，他们只说在达濠和河浦一带都这么叫，应该是沿着祖先的叫法，习惯成自然，也就不改了。

达濠晶合酒家老板梁志桐先生像讲故事一样跟我说，过去达濠、河浦一带的人比较穷，虽靠近海边，想吃鱼肉也非常困难，他们甚至连家里养的鸡生的蛋都要拿到墟市上卖，来换取日常生活用品，不可能用蛋来烹制蛋卷。而达濠、河浦一带的土地所种出来的荷兰薯，薯肉呈黄色，当地的村民蒸熟去皮后碾成荷兰薯泥，通过调入味料，卷成一条条，炊熟黄金灿烂，有如鸡蛋色泽，从此便把它称为蛋卷。从逻辑上来说，这个解释似乎也合理。

我还是奴仔的时候，曾问过长辈，潮汕人为什么把"土豆"称为荷兰薯。长辈说是从荷兰国来的原因，就像荷兰豆一样。哈哈，有趣，也易懂。潮汕人把去外国称之为"过番"，地瓜是从外国来的，便叫作"番薯"，西红柿叫作"番茄"，小黄豆叫作"番豆"。这种通俗易懂的叫法让我记住一辈子。

随年龄增长和知识的普及，我才了解到荷兰薯不是荷兰国的专利，世界上大部分国家都有土豆，在南美特别多，而且它是世界上第四大主要粮食。

有趣的是，土豆还有另外一个名称——"马铃薯"。相关资料这样介绍：远去的年代在托运土豆时，运输工具是马车，而拉马车的马匹系着响铃，走到哪里响到哪里，人们听到铃声就知道运输土豆的马车来了，土豆又像番薯一样，便称之为马铃薯。未知这种介绍是否合理？还有资料介绍，马铃薯的形态像马铃铛，故称为之马铃薯，康熙年间就有这样的说法。

更有趣的是潮阳人、普宁人、惠来人把土豆叫"甘筒"，把"荷兰薯粿"叫"甘筒粿"。其实我也是被弄糊涂了，前思后想，可能有某些味觉相同吧。分析一下，土豆蒸熟后来吃，感觉上和蒸熟后的番薯一样甘甜，有相同的甘甜感觉，便称为"甘筒"。这样的解释可能也比较牵强。

因荷兰薯粿，想到它的诸多名字，又想探索一下土豆的其他出品。

"土豆烧熟了，再加牛肉。"这是毛泽东主席当年针对苏联写的诗。我是饮食人，知道土豆在烹调上可以用牛肉来烹制，出品上很广泛。

土豆作为世界第四主要粮食，具有充饥与菜肴风味烹调的双重功效。南美及非洲国家有很多人都是将其蒸熟，烘焙熟后直接进食充饥。西方则是通过烹调技术，让土豆大展拳脚，特别是在美食美味上延伸出更多花样来，通过加工提取土豆粉，制作成各种粉条，还有碾成土豆泥、炸薯条、炸薯片等。

我国北方最出名的是炒土豆丝，把土豆刨去外皮，挖掉芽眼，然后切丝放入水中，洗去淀粉，防止它在鼎中粘连，难以翻炒，同时也是防止土豆丝变黑。至于土豆烧牛肉、土豆炆鸡、土豆炆鸭、咖喱排骨炆土豆等品种，更不用多说了，只要大家都努力，土豆还是有很多烹法，这一点，我是相信的。

说到这里，我也来做几条荷兰薯粿，同时也把独家配方写给大家，弄得好，也能自得其乐。

荷兰薯粿制作过程

荷兰薯粿

原材料: 生荷兰薯500克,半瘦肥肉100克,干虾米25克,干贝25克,蒜仔50克,芹菜50克,番薯粉125克,粳粉25克,腐皮2张

调配料: 味精3克,胡椒粉5克,辣椒酱25克,鱼露15克,熟猪油25克

具体步骤:

①把生荷兰薯刨去外皮,洗净,切片,放入蒸笼炊熟,取出后碾成荷兰薯泥,候用。

②半瘦肥肉切细粒;干虾米和干贝用清水泡洗一下,达到能切碎的条件后,把它们切碎;蒜仔和芹菜同样洗净后切碎候用。

③取食盆一个,把荷兰薯泥放入盆内,加入味精、胡椒粉、辣椒酱、鱼露、熟猪油。搅拌均匀后加入半瘦肥肉粒、碎虾米、干贝、蒜仔和芹菜,继续搅拌。最后加入番薯粉和粳米粉混合,搅拌均匀。

④腐皮铺开,把搅拌好的荷兰薯馅料分别卷成三条,然后放入蒸笼炊至30分钟。不宜大火,大火容易使其裂开。

⑤熟后取出晾干,吃时切片慢火煎至金黄,配上辣椒酱或者甜酱。

如果想学做荷兰薯粿,照此方法一定无错,只是好吃了不要忘记我。

姜薯

这是 1986 年的事，鸥汀乡要举办迎春招待，招待在港澳的鸥汀乡贤回乡省亲。为招待好众乡贤，他们特地委托家乡人山先生找到我们，为他们家乡烹制一次比较好的潮州菜。招待分两次举办，每次约十五桌席。

在鮀岛宾馆工作的我推脱不了，便找柯裕镇师傅和魏志伟师傅商量，最后组成由柯裕镇师傅领头主砧、陈基铭师傅主鼎的厨师团队，为他们烹制两场特殊的乡宴。

不一样的宴席才会有不一样的故事。第一场宴席因天气变化而打了折扣，使乡镇领导不满，一切解释都是徒劳，尽管有柯裕镇师傅这个老牌厨师坐镇，也是苍白无力。联系人山先生非常着急，当夜找我商量，希望第二场宴席要做得更好，挽回颜面。

我冷静分析失误的缘由，天气变坏和突然落雨是影响准备工作的罪魁祸首。露天办桌席最怕就是天气突然变坏，而承办宴席成功与否，最关键是看准备工作是否做得充足。

我们还是按照原来的菜单准备，不同的是我把甜味菜肴变换了，最后的姜薯白果被放弃，我大胆提出用姜薯来烹制一条姜薯鲤鱼，

姜薯

并且学着粤菜的命名方式，冠称为"年年有余"。

当时考虑客人大多是居港澳的潮汕人，而港澳潮汕人又有一定的广府文化，这一改变符合临时需要。由于时间充分，我与魏志伟师傅又参与到准备工作中去，出品的菜肴具有潮汕特点，上菜一路顺畅。

当最后的甜食菜品姜薯鲤鱼生动地出现时，客人大加赞赏，乡镇领导非常满意，因此留下比较好的印象。

说千道万，今天想单独谈一谈姜薯在潮菜及民间的一些表现。

姜薯，主要产区为潮汕地区，品质优者要数潮阳河溪上坑乡。但它从何处而来，经历过多少年，我从没去了解，因而不详。

作为根茎植物，姜薯能成为食材的部分主要生长在地下，属春夏播种、秋冬收获的薯类，其形状似淮山，但稍为短粗；毛孔多须根，刨去外衣呈白色，更是黏液缠身。聪明的潮汕人在刨姜薯的外衣时，会放水中去刨，以免粘手。

姜薯白果汤

　　潮汕民间吃姜薯最普遍的方法是刨片煮糖水，用一种瓜刨轻轻在水中刨出一片片，姜薯片在水中又卷曲成串串，加入甜汤中软糯又脆口，极度舒服。

　　特别是春节，潮阳人喜欢初一的早晨吃一碗姜薯甜汤，寓意为一天从一早就开始甜，说明今年会事事满意。他们也准备了一些姜薯放在家里，以备亲戚朋友来拜年时，可以随时煮碗姜薯甜汤来招待客人。

　　事实上姜薯可以变身为多种甜食菜肴，特别是姜薯通过碾泥后加入其他食材，更是百变，除了上面提到的姜薯鲤鱼，还有姜薯寿桃、姜薯五果、花生糖姜薯丸。

　　潮汕有一种做法叫炣烧，它通过腌糖逼食材出水分，再通过煮糖的过程，让糖浆入体，形成黏体。在潮汕民间，既然有炣烧番薯芋，那就有炯烧姜薯芋。

我对炯烧姜薯提出自己的看法——

炯烧前建议刨皮改块后用清水浸泡一下，减少一些黏液，然后用油热炸至炯烧块呈金黄色，捞起后用洁净的砂锅注入白糖和水，用慢火煋至入汁粘连，完成时加入葱珠。

烹制姜薯系列品种中，姜薯鲤鱼是一个手工菜和仿生工艺菜，它形态不一，生动活泼，栩栩如生，能体现出厨艺功夫的完美。

炯烧姜薯丸

芋头

　　上次写了番薯粥，把番薯的能量放大，因而产生连锁反应，吸引了其他薯类的加入，诸如畲鹅薯、东京薯、姜薯等，也引发了关于薯类的各种讨论。美食家沈嘉禄先生真好玩，突然间，他又抛出了一个芋头来，详细地说着芋头的一切，我差点被砸中了。循着沈嘉禄先生的话题，我也写点跟芋头有关系的东西。

　　在潮汕，说芋头的烹制，大都想到"炣烧番薯芋"，太俗了，其实应该先说芋泥。芋泥是一个单品种又是可复合多品种的甜品，它好吃又热烫，想吃又太甜，属于令人又爱又恨的甜食菜肴之一。我初学厨，在加工制作芋泥的时候，师傅说芋泥可以存放半年至一年，但在熬煮时要注意芋头、白糖、油膀的投入比例和火候的时间控制。

　　芋头一斤，白糖八两，油膀四两——这个比例，我一直记得。如今芋泥的制作都在朝着低糖、低油、低脂肪的方向去，烹者纷纷把传统的配比放掉，改制较少糖量的芋泥，因而赢得了市场，至于保存质量和时间，那就难说了。

　　芋泥，也有称"炣烧芋泥"，直接做成甜品菜肴。如加入白果就叫"白果芋泥"；大南瓜用糖蜜饯后的甜瓜片，覆盖在芋泥上面，

金瓜芋泥

便可称呼为"金瓜芋泥"；用心的厨者，将五花肚肉煮熟透后，用油去热炸，再用白糖熬煮烂透，形成绉纱肉，覆盖在芋泥上面即为"绉纱芋泥"。

芋泥也可作为馅料，与其他食材组合为另一甜食品种。首先选择糯米粉冲水和成一团团，然后包上芋泥煮成甜汤叫"芋泥汤圆"，潮汕人还称它为"鸭母捻"。如果把糯米粉团包上芋泥，轻轻一压，放入油鼎内热炸，则是"潮式芋泥油粿"。

"甜汤芋蛋"，是家庭主妇最喜欢的，芋蛋不粉也不水，下点葱珠油，香甜即现。如今这种芋蛋比较少见了，因为在采收芋头的时候，芋蛋已被削掉了。

如果用酥皮包裹芋泥，烘焙后即成为美妙的"芋泥月饼"。还有一款让你未能理解的高端出品。只要是一半燕窝一半芋泥，相互渗透,绝对是一款好位的"芋泥燕窝",高端品位与田园风味相结合,让高贵的燕窝在俗气芋泥的陪衬下步入百姓家。

潮汕的酒楼食肆和民间家庭对芋头的烹煮有太多理解,他们风味各异,绝对是你想不到的。因此,芋泥除了做成甜食,咸食也一样出彩。在加工芋泥时不要投入白糖而加入少许盐,即可成为咸芋泥。过去有一款菜肴品种叫"糊涂鸭",把鸭肉骨脱了,再装进了咸芋泥,封口后上色炸了,进而焖炖,烂了再炸,香酥酥的,这就叫"香酥糊涂鸭"。"这步那步,松鱼头焖芋",这一款传颂多年的潮汕古味菜肴,是香与鲜共存的杰出表现。

突然有一天我受到诱发,"煮松鱼头芋"的汤汁好吃好味,有如羹一样,那何不把咸芋泥拿来煮佃鱼呢?于是我先把佃鱼去头片开,挑去中间鱼骨,再切成粗肉丝,用少许上汤把佃鱼煮熟。芋泥用上汤和开,投入煮熟的佃鱼一起混合,利用芋泥的黏性烹制成羹,确实是味鲜汤香浓。

芋泥南瓜煲

再来说说芋头的综合素质和品种吧。一款芋头，不用刨皮，只要清洗干净，用刀把芋头切八瓣，撒抹上少许盐，放入蒸笼炊熟，粉口带咸，很多家庭都体验过。特别是每年农历七月十五、八月十五，很多潮汕家庭拜神祭月，这种蒸芋头作为供品经常会摆到桌面，什么理由，各有说法。

"大南瓜煮芋头"加入几粒拍碎的花生仁，特殊的芋香气息让你难舍。"薄壳煮芋"，每到薄壳盛产时，带粉的芋块煮至快熟时，放入带壳的新鲜薄壳，顿时芋味鲜味同时被诱发，吃时爱不释手。反沙芋块、热炸芋片、芋丝卷煎这些平时在潮汕酒楼食肆才能品尝到的芋头制品，如今在市场上已经随处可见，食客、百姓能随时品味。

香芋扣肉很多地方都有烹制，大家都在争首创地。我只知道中国的很多地方都产芋头，广西、广东、湖南、云南、四川等省都有，而且质量都很好。最值得称赞的是广西桂林荔浦县的芋头，个大而且粉，曾经是贡芋的级别。潮汕地区也有过好芋头，揭阳玉湖镇东寮村的芋头就是一例。东寮村芋头个头不大，肉质微赤不带红筋，糯且粉。蔬菜大王李总几年前拿了几个东寮芋送我，声声说这是本地好芋，留给自己吃。我回去一烹，真的是有意想不到的惊喜。

我至今都弄不明白芋头原产于何处，朋友从美国来，说美国的芋头真粉。我去过泰国，在曼谷街头店吃过老四鱼头火锅，他的汤底料是芋头。我问他们，暹罗也有芋头吗？他们说有的，也是很粉。我便觉得芋头应该是遍布全球的，嘻嘻！

沈嘉禄先生这次写芋头，我关注到他把芋头在中国的范围分布写得清楚，把年代也写得很明白，原来芋头在古中国一早就有了。沈先生说他曾在一家拍卖行看到明代画家邹之麟的一则信札，领会

反沙芋头

到其中"蹲鸱十五枚"指的就是芋头。原因是刘一止所著的《非有
类稿》中描述过蹲鸱的形象是芋头，于是更能表明我们古代就有芋
头了。当然，袁枚先生也多次提过芋头一事，甚至烹之，也说明了
这一点。

　　太累了，写篇文章好像在揉碎芋头一样，希望揉碎的芋头能成
为芋泥，继续散发它的香气。

八珍糯米饭

我在标准餐室学厨的时候，看过李锦孝师傅在烹制一碗甜糯米饭。他老人家把一块柿饼对开后切成四角，再逐角切成薄片。随之逐片放入大碗公（宽嘴碗）底部，形成花朵，然后把处理好的甜糯米饭轻轻放到柿片花上面，又轻轻地压实，通过蒸笼的蒸汽让其融合后取出，反转后把大碗公拿掉，一碗带有柿饼花朵的甜八珍糯米饭便形成了。

此做法的甜八珍糯米饭看似简单，其实在摆砌成花朵这一环节上还是有一定难度的。如今此种做法几乎没人做了，想想有些遗憾。

事实上，我今天不为八珍甜糯米饭的摆砌纠缠不清，而是要搞清楚：甜糯米饭作为甜品，为什么经常会被安排在生仔请客的酒席中呢？我询问过许多人，大家都不明其理，由此这个问题困扰了我很多年。

近期在写一些饮食心得，我忽然又想到了八珍糯米饭这个甜食菜肴，这一次我决定打破砂锅问到底，求证潮州市潮菜名师方树光师傅，他说出了一个让我比较信服的理由。他说在潮州的过去，某一家庭生男丁请客，他们除了准备丰盛的名菜佳肴之外，甜糯米饭

甜八珍糯米饭的材料

是不能没有的。当客人离开的时候，每人还会被派送上一包用竹叶包好的甜糯米饭，而且还必须要有"饭丕"（锅巴）在其中，其意义是"兑"（潮汕话"跟"的意思），寓意客人也跟主人一样生男孩。

　　这似乎是一个比较合理的理由。而做好一款八珍糯米饭，需要多味甜食互助，搭配合理，才能衬托出甜糯米饭，使其更高端。

　　说菜肴的事，附上烹饪方法。

甜八珍糯米饭

原材料： 生糯米 300 克，白膘肉 25 克，发好的白果肉 15 克，发好的莲子 15 克，枸杞 10 克，瓜丁 10 克，橙饼 10 克，柿饼 15 克，白芝麻 10 克，白糖 200 克，青葱珠 15 克，猪油适量

具体步骤：

①生糯米淘洗净，放入蒸笼炊熟后取出，随之加入适量猪油和白糖，让糯米饭松开不粘紧，候用。

②白膘肉切细粒，然后用白糖腌制 20 分钟以上。把发好的莲子油炸后用刀轻拍一下，瓜丁、橙饼、柿饼切粒，白芝麻炒香，青葱珠用猪油煎成葱珠朥。

③把所有切好的馅料、葱珠朥和糯米饭调和一起，随之分入大碗公内压实，再放入蒸笼炊 5 分钟取出，反扣到盛器即成，也可淋上一点白糖浆。

特点

柔糯，甘甜

甜八珍糯米饭

Chapter 2

第二章

舌尖上的田园主义

田园风味

　　少年读书的时候，家里穷，我白天要去上课，晚上还需要到附近的农田里"掠水鸡"（抓青蛙）。第二天一早拿到共和市场去卖点钱，补贴家用。

　　一次我到牛田洋掠水鸡，由于蓄电池出现接驳上的问题，影响到照明，当时又急于赶回家，我便在牛田洋堤坝快速往回跑，突然听到一声："站住！"哦，是牛田洋部队哨兵。我不想理会他，继续奔跑。哨兵又一声："站住！口令。"我随后一声"抓水鸡的"。哨兵大吼一声："不站住，我要开枪了。"我赶紧停下了，连连说"别开枪、别开枪"，紧接道歉并补上一声声"对不起"，真的吓出了一身冷汗。过后我思量着可能是口令对不上，是他们改了，也没通知。"抓水鸡"的暗号对错了，那一夜差点出事，哈哈！因为"抓水鸡"不是军事口令。

　　提起这个故事，只是想说明当年绝大部分的生态环境都是没被污染的。那时候田园里的水鸡、鳝鱼、甲鱼、土溜鱼及其他生物比比皆是，到处都有。如果用来做菜，都是可口的田园风味，这在潮菜的记录中随时都能看到。

炸佛手田鸡

"掠水鸡"来卖，也说明当时水鸡在市场上占有一定份额。是的，单纯用水鸡便能做出许多潮菜菜品，诸如油泡水鸡、红炆水鸡、水鸡煮豆腐、炸佛手水鸡、水鸡煮粥、水鸡冬瓜盅等。

有必要介绍炸佛手水鸡这个菜肴的做法，以便让更多人知道，以免失传。

炸佛手田鸡

原材料： 大只活水鸡6只，鸡蛋2个，面粉200克，生姜25克，生葱2条，菠萝肉250克

调配料： 味精、精盐、胡椒粉、白糖、白酒、白醋、生油均适量

具体步骤：

①活水鸡开膛后，剥去外皮，洗净内脏，取出两只大腿，从大腿中去掉母腿内骨，外面让一根细骨连着，同时把爪斩掉。

②水鸡腿用生姜、生葱、白酒、味精、精盐、白糖、胡椒粉腌制20分钟。同时把鸡蛋打成蛋液，菠萝肉切成细粒，一起候用。

③烧鼎热油，油温在120℃以下，把水鸡腿逐只拍上面粉后蘸上蛋液，然后放入鼎中炸，注意翻转，待炸至金黄色后捞起。

④用糖醋将菠萝肉粒调成酸甜汁，配上炸好的水鸡腿，即好。

除了水鸡之外，甲鱼（鳖）、鳝鱼、土溜鱼、塘鲺、田螺、沙蚬等都是田园风味绝佳食材，在历代厨师的巧烹下，做成了一道道风味独特的地方菜肴。难怪很多外地人吃过潮菜，乃至潮汕家常菜都会大呼好吃。

"潮州佳肴甲天下"，这是时任国家副主席王震品尝过潮菜后，对潮菜的最高评价。潮菜有什么特点？大家通常会异口同声表示：以尚烹海鲜见长，鲜而不腥，肥而不腻，等等。而我则会从另外一个角度来谈潮菜的特点。

小小的潮汕地区，能把菜肴做到让国人刮目相看，这里面包含着天时、地利、人和，这才是最大的特点。潮汕平原大地除了漫长的海岸线之外，还有着错综复杂的河流、沟渠、池塘，水源充足，土地肥沃。在阳光充足，气候宜人的环境下，适宜一切动植物的生长。得天独厚的环境又有丰富的自然资源，这就给潮菜烹调提供了海洋文化之外的田园和池塘文化。海洋资源和田园资源提供了各自的风味食材，这才能更好地体现潮菜之特点。

说到田园风味，我认为应该具体到"田园"二字。潮汕地区人多地少，潮汕人通过勤劳付出，在自己的三分地上精耕细作，硬生生在有限的田园里做到丰衣足食，又把田园里的一切食材，做成风味潮菜。

"水鸡跳，脚鱼仔，鳝鱼土溜煮一鼎。"一句顺口溜，让我们知道怎样借用这些活蹦乱跳的普通食材，烹出若干潮味，同时更明白怎样做好种植在田园的瓜果蔬菜。结合自己的一些经验，我将瓜果蔬菜能做到的菜名罗列如下，方便大家记住田园风味的味趣。

冰镇蜜饯金瓜、南瓜芋头煲、金瓜芋泥、香煎金瓜烙、元贝金瓜羹、反沙芋块、松鱼头煮芋、白果芋泥、香芋丝卷煎、红烧大白菜、绣球白菜、玉枕白菜、蟹肉扒白菜、护国素菜、鸡茸太极羹、王瓜炒虾、王瓜芝麻鱼肚、酿百花王瓜、苦瓜排骨煲、苦瓜羹、焖酿苦瓜、苦瓜扣肚肉、什锦冬瓜盅、冬瓜扣明虾……

鸡茸太极羹

莲的诱惑

"毕竟西湖六月中，风光不与四时同。接天莲叶无穷碧，映日荷花别样红。"早晨吃了一碗猪骨煮鲜莲子汤，想了很多，突然把南宋杨万里的诗想出来了。

第一次对莲子有点认识，应该是在标准餐室学厨的时候，师傅们用滚水浸泡一份带红衣皮的莲子，要我们帮忙捅去莲心芽，脱去莲子外膜。师傅们跟我们说，这种莲子叫湘莲子，产于湖南。还有一种白色的莲子叫贡莲，主要产于江西省和湖北省各地。后来我逐

莲池

渐认识到只要有沼泽泥土、池塘湿水的地方就可以种植莲子，有的地方产量还很大。

不知道什么原因，过去的年代，在汕头市见到的莲子都是晒干的，如果要存放久一点，有的还要用硫黄去熏，以防虫蛀。所以酒楼食肆和家庭想吃点莲子，都是要提前进行泡发、浸洗，再搭配喜欢的食材去煮。

我最早看到新鲜莲子在肉菜市场出现，是在广州市天河区一个市场上，至今有二十多年了。一位卖菌类的大姐极力推荐，说新鲜莲子比晒干莲子好吃，烹煮也要方便得多，只要用清水泡开一下，捞起漂凉，再用牙签捅去心芽即好，是甜是咸全凭你的喜好。尝试后，我发现新鲜莲子确实好吃，除了甘粉之外，重要的是新鲜。

莲子作为食材在饮食中的烹煮位置真的不能小看。广式月饼莲蓉饼的馅料便是由莲子加工而成。每年中秋节，大量的莲蓉馅料应市，离不开莲子。

潮菜体系中，结婚喜席中的第一道甜菜"百年好合"，便是用莲子烹饪的。莲子的广泛使用更主要是体现在配菜方面，如莲子焖鸡、八宝素菜、绣球白菜、糯米香酥鸭、八珍荷包鱿、炸桂花大肠等等。而好吃的莲子，除了江西广昌之外，福建武夷山的五夫莲子也不错，它个体细粒，特别嫩粉，煮甜汤甘粉可口。

说到五夫莲子，这里应该提到南宋理学家朱熹。朱熹少年时随母来到五夫镇，母亲为了让朱熹安心读书，每天都会煮一碗当地莲子给他吃，其意是"怜子"，加上不去莲心，含义上更是"用心良苦"。

莲子只是莲的一部分，我觉得应该谈一谈莲的其他部分的作用，才能更全面地认识莲。

采收莲藕

　　莲基本上是在沼泽和泥土中带水生长起来的，出淤泥而不染。根茎下面是藕，茎枝支撑莲叶在水面，其叶面密度层深厚。叶再往上伸出的是结蕊和开花，花的后期是莲蓬，莲蓬里面是种子，也即是莲子。采摘莲蓬一般是在 7—9 月。至于根茎部下的藕则要视上面的枝叶收缩干身后才能深挖出来，藕节一般有四五节，掰断时会带丝状连着，所以有成语叫"藕断丝连"。有趣的是先期摘取荷花，之后便无莲蓬，也即是无莲子，但莲藕相对要粉些和好吃。如果留莲蓬取种子，莲藕即含水不粉，口感不佳。

　　在烹饪上，莲藕也得到广泛的使用。典型的莲藕粉是从莲藕身上提取的，冲水成糊，滑嘴凉心，具有润肠降火之效。用莲藕做菜，最著名的是杭州一带的名肴"蜜饯糯米莲藕"。它取莲藕节刨去外衣，在一端切口，然后在藕孔里放入糯米，再把切口重新贴紧，用牙签穿插固定，放入蒸笼炊熟，再浸入糖水中慢慢熬煮至黏稠。在熬煮过程中可加入桂花，吃时捞起切片，既好看又好吃。

事实上莲藕作为食材，在烹饪上也有多样属性，烹饪凉拌藕片、排骨焖莲藕、酥炸藕片、挂霜莲藕片等诸多品种。潮汕人吃莲藕最喜欢的是猪骨熬莲藕汤，有的喜欢加入花生仁，其汤水独特，具有泻火之功效。然而从吃用上，我更喜欢一味潮味甜品"莲叶红糖水东京丸"。

东京丸是潮汕特产之一，是用东京薯（学名叫竹芋，也叫冬笋薯或冬粉薯）制成的。东京薯外形像竹笋和芋头，里面是淀粉质。晒好的干粉放进布袋里不停晃动，就能摇出一粒粒形状似西米但比西米还要小的东京丸。

莲叶红糖水东京丸

春之蔬

　　很多潮汕人都听过"吃蒜吐力茄"这句话，明白或者不明白此话中的意思，今天暂且不提。而这些年，力茄（荞菜）作为另类的蔬菜，屡屡被提及。

　　荞菜、香椿芽、春笋芽、苦刺心都是春季的蔬菜。清明节后是芽叶成长期，清明节后是叶与茎的成熟期。这也符合大自然的规律，不然怎么会有一句话叫"春芽、夏瓜、秋果、冬根"呢？

近似青葱的力茄　　　　　　　　长满嫩刺味道微甘的苦刺心

一些饮食文人描述能力很强，会把关于"力茄"的前世今生说出来，一是能辨识，二是能描述，三是能说出多样烹制方法，让我由衷钦佩。春季蔬菜之荠菜、香椿芽、春笋芽、苦刺心如果真的消失了，馋嘴如你我他，将何处寻得一味？想一下，唯有忧伤。

每年清明节，都是中国人的祭祖日，纪念祖先嘛，大家都有份。我们也不例外，清明节一到，各家人员一定要到家乡普宁县下架山蛟池村南门去。我们钟氏家族每次都是几十人以上的大集结。除了必要的祭祖行为之外，家乡的亲朋好友们都会做好一切准备，特别是吃食方面，方便大家祭拜祖先后，能相聚畅谈，分享各自在外地的工作、学习情况。家乡的叔辈婶姆和堂兄弟们都会把清明节中午这一餐，作为难得的聚餐，因而在安排上特别隆重。

在安排聚餐菜式上，堂兄弟钟飞雄与钟映明绝对是主角。他们每年都会在鸡、鹅、鸭及猪肉、肉饼之间轮回变化着。家乡的炸薯粉豆干、炒咸面线、五花肉炒力茄（荠菜）则是必须有的，而且永远不变。

普宁人喜欢炸薯粉豆干、炒咸面线。特别是豆干被炸得皮脆肉嫩，蘸上韭菜盐水，去火增味，一边烫着嘴角一边说好吃。唯一欠缺的是水质改变，原山泉水的甘甜失去了。炒咸面线，投入豆芽韭菜，先行炒熟，后回锅再炒，那种淡咸的粗麦面感觉，吸引着你吃了一碗又一碗，这就是家乡的味道。

最为感动的是每年有一味五花肉炒力茄——薄薄的五花肉在鼎中煸炒出油，然后把洗得干净的力茄头放入，调点鱼露和味精，随即气息满满。能留住这一口味的，应该是钟祥兴先生，我们的叔辈。每年他都会提前种一些力茄，而且在清明节这一天的早上把力茄拔

五花肉炒力茄

出来，拿回家清洗干净后，交给厨房，年年如是，成了一条约定俗成的规定。

力茄与香椿芽、春笋芽、苦刺心、野蕨菜等一直都处于蔬菜的边缘，都是蔬菜类小配角，正面演出的机会相对比较少。力茄是潮汕人的叫法，细心观察力茄，它的身段近似青葱，头部近似蒜仔，但它既不是青葱又不是蒜仔，感觉是介乎青葱与蒜仔的中间。力茄在成长后，它的根头部饱满呈白色。潮汕人还会用它去腌制糖醋，装成小罐罐，列为杂咸类。腌制的力茄清脆酸甜，入嘴醒神，细嚼无渣，因此一直受到欢迎。

说说橄榄

　　1996年8月的某一天，时任汕头中行行长的廖训民先生约我们汕头市的几位朋友，到他的家乡潮州文祠镇去游玩。

　　清晰地记得最好吃的是一碗本地野生甲鱼熬薏米汤，柔糯滑口的薏米是那桌菜的最大亮点。尽管还有薄荷叫炸豆干、焖山猪肉、炒鸡肠之类等美味，但是留下深刻印象的还是它。

　　应该说，这是我入厨界几十年来从未曾烹制过的最好的一碗猪脚薏米汤，以致此后一遇见廖训民先生，便讨要当年的薏米。而廖训民先生及其他的家乡人，也因为我要讨取当年的薏米，一直在寻找此薏米。

　　文祠镇与意溪镇埔东村交界，离归湖镇不远。文祠镇与归湖镇都是农林业乡镇，这里山多，林果树业多，盛产的水果主要是橄榄、杨梅、枇杷、龙眼、黄皮、香黄瓜等，所以橄榄糁及橄榄制品一直是文祠镇和归湖镇的骄傲。

　　十多年前，香港朋友李楠先生致电于我，替林坚先生询问橄榄糁煮鱼应该怎么煮才能得到原来的味道。他说，离开家乡久了，总是找不到家乡的味道，特别是小时候在家乡吃的橄榄糁煮鱼，特别

橄榄果

怀念，但是无论如何烹煮，都找不到古早的味道。

哎！有意思，橄榄糁煮鱼，我的头脑里非常迅速地联想到柯裕镇师傅。他曾经送过我一罐陈年的橄榄糁，并告诉我，冲水喝能消除食腻和化痰止咳，并说在潮州市的文祠镇、归湖镇等一带，它常用于煮菜，特别是煮溪中鲜鱼，气味独特，是难得的一味乡村风味。同时也提醒我煮溪鱼的时候，不要乱添其他汤水或食材，以免乱了它的味道。

本着此法，我断定林坚先生是煮鱼的时候放了其他的汤水或佐料。果然，通过我的分享，他终于如愿以偿吃到了家乡的古早味道。

潮汕人有一句话，"肚困番薯胶胶，肚饱鹅肉柴柴"，道出人饥饿时，对任何一种饮食都具有好的印象。宋帝南逃潮州时，在饥渴难耐的情况下，番薯叶都觉得美味十足。

言归正传，橄榄糁煮鱼应该注意哪些方面呢？首先，煮鱼的橄榄糁未必是陈年腌制的，我觉得腌制后不要存放太久，这样南姜麸的味道未曾流失，微辣窜腔的气息尚存即可。其次，鱼也很关键，无论是鱼的选择还是煮鱼的过程都有讲究。以下是两点要注意的：

一是韩江溪鱼一定要新鲜，而且鱼身不能太厚或圆身，否则会影响橄榄糁对鱼肉的渗透入味。如果没有溪鱼，选择海鱼也同样要薄身且新鲜。

二是煮鱼的时候用清水，这是最关键的一个环节，不能乱加猪肉汤或者乱加入猪朥之类，更不能用上汤去煮，这样才能保持橄榄糁的特殊气味，否则会适得其反。

近几年来，从别人对我的称呼变换中，我发觉自己的年龄渐渐被叠高了。有时候非常讨厌这种年龄的叠加法，只有增加不见减少，痴心妄想年龄做减法。

寻找儿时记忆和一些味道记忆的欲望更加强烈了（大家都说上了年纪的人都有这种现象），于是我选择走出去，从周边的城乡开始转转。由此，我时不时与司机郑健生先生开车前往潮州市的一些乡镇，意溪镇和文祠镇是我们最经常去的地方。

居住在汕头的人都记得潮州市文祠镇和归湖镇有一款青橄榄叫"火麸焙"，橄榄皮表面上略带黄色，入口先是小酸涩，通过慢慢咬嚼，渐渐产生香气，虽然还略带些口渣。当把口中的渣吐掉后，瞬间喉咙那种新鲜如甘的味汁即刻回涌，回甘的舒服感难以形容。

为什么把青橄榄叫作"火麸焙"，我至今弄不明白。小时候听

老橄榄糁煮溪鱼

上辈人说，"蘸火麸橄榄非常芳（即香）"，我一直半信半疑，却不敢尝试。流逝的岁月让我成熟，也让我渐渐地领悟了。原来青橄榄从山里的树上摘下来，带有一些油脂和尘埃，它们相互黏紧凝固，这时候入嘴一定感到非常涩口。上辈们发明了用柴草烧后的草木灰去擦洗，把青橄榄外皮的油脂尘埃抹洗去除，青橄榄于是没了涩味，香气也便突显了。因为很多人不理解，错把它当成蘸"火麸"去吃，才留下"橄榄蘸火麸，食正芳"的典故。

橄榄究竟有多少品种，能烹制多少品味款式，我至今弄不清楚。潮阳金灶的三棱橄榄未盛行的时候，吃青橄榄的人还是极少数，大部分青橄榄还是作为蜜饯果子出现的。

特别是二十世纪六十至八十年代，汕头市果子厂加工出品过一

橄榄糁是放在石臼里和着南姜麸捶打出来的

款冰糖蜜浸橄榄，它刨去外皮又挖去心核，入嘴酥脆清甜，让很多人至今难以忘怀。汕头市的街头巷尾，贸易市场的外围，还曾经出现过芝麻南姜麸香甜橄榄。它的制作方法很独特，青橄榄要洗净，用一支双面木制的夹板，把青橄榄放入板中间，然后双手用力一夹，青橄榄即刻碎裂开来。拌上南姜麸、炒熟的芝麻和白砂糖，再淋上麦芽糖，放上香芫荽搅拌一下，进行腌制，甘甜的味道特诱人。

用青橄榄加上芫荽头，再放几粒杏仁炖猪肺，也是一味药膳好汤。螺头炖橄榄也是一味非青橄榄不能做的汤菜，换成其他食材是得不到青果酸涩口味的奇妙感觉的。

不得不提的是橄榄菜，很多人都会误以为它是用乌榄去烹制的。其实，传统的橄榄菜是采用青橄榄、咸菜尾叶、花生油、海盐组成的，主要是通过适当火候的熬煮、提炼，在这一过程中让它自然变黑，故而才称乌橄榄菜。

熬煮橄榄菜

八宝素菜

潮菜名师朱彪初师傅在解读名菜"红烧大白菜"时，曾经说过此菜肴"既素不素，既荤不荤"，其操作难度不亚于任何菜肴。他又说起传统菜肴"八宝素菜"也是属于这种"既素不素，既荤不荤"的名菜，难度也大，且还有一些故事传说。

相传清代潮州府城开元寺想举办斋菜比赛，邀请了各方寺庙的厨手参与。意溪别峰寺的厨手想用多味素菜来烹制一款斋菜。但想要夺取头名还有一定难度，皆因潮州府城尽是名师名厨，高手云集。

这名厨手非常聪明，他想借用鸡汤、肉汁的介入，提高出品味道。于是他事先准备好老鸡、排骨、瘦肉，炖出一钵好肉汤汁，又用毛巾吸附汤汁，悄然带到参赛现场。在烹制的过程中让汤汁渗透到多样素菜中去。其菜品有了不一样的味道，得到大家的高度赞赏，获得头名。因这道素菜取材一共八样，后来的人将其命名为"八宝素菜"。自此，"八宝素菜"便留传下来。

尽管在后来，别峰寺的厨师受到质疑和批评，也引起了此后对斋、素的严格界定，但他却开创了素菜荤做的先河，此后的潮州菜中便经常出现八宝素菜，也衍生了更多类似的菜肴。

八宝素菜

　　在我的饮食生涯中，特别要提到潮菜名厨，潮州意溪镇人士柯裕镇师傅。柯裕镇师傅也特别喜欢安排"八宝素菜"作为宴席上的出品菜肴。在炆煮过程中，他对荤菜和素菜有自己深刻的理解，在盖料上做足功夫，以至于大家曾一度怀疑他是烹制"八宝素菜"的后人。

八宝素菜

原材料： 潮汕大白菜一株约750克，莲子25克，栗子25克，湿香菇8个，腐竹25克，发菜10克，冬笋25克，金笋25克，老鸡半只约500克，瘦肉500克，上汤100克

调配料： 味精、精盐、胡椒粉、麻油、湿粉水、生油均适量

具体步骤：

①大白菜洗净后切成条段状，莲子水发。栗子用刀切开，放入滚水煮沸让其壳分离，取出栗子肉。腐竹浸水回软后剪成节段，冬笋和金笋（胡萝卜）剥去外皮，用刀改成角条状，同时把发菜洗净一同候用。

②烧鼎热油，把白菜炒熟，然后用上汤炆至软身，同时把老鸡、排骨、瘦肉盖上去焖炖，让白菜慢慢吸收肉汁。

③湿香菇和发菜炒香，同时把其他切好的辅助材料油炸，然后漂洗去掉油渍后，加入上汤，用湿煮的方法让其回软，适宜摆砌。

④取大碗公一个，用扣法的手段把发菜放在大碗公的底部，然后把其他食材对应，顺边摆砌，最后把白菜放到中间和上面，再把盖料肉覆盖上，放入笼巡，用隔水炖法炖30分钟。

⑤上席时，取出大碗公，用翻转的倒扣手法，把八宝素菜完美扣在半深浅的圆盘上面，然后把原汁沥出，勾上芡汁后淋上即好。

"惜菜"

　　"惜菜"，按照潮汕人的地方语言文字来解读，"惜"字在潮汕烹调术语中有着多次反复烹煮的意思，我请教了多位美食爱好者，想了解真正的写法，然而都找不到，只能暂时选择这个"惜"字来代替。

　　"惜菜"是由一种蔬菜（芥蓝或春菜）经过多次多天反复翻煮而成的，是具有独特风味的家庭菜肴。每当家庭需要煮来吃的时候，家庭主妇会根据需要舀出一定分量，再用油脂和盐或鱼露把它调和好。

　　"惜菜"最大的特点是菜煮烂了，煮得相当烂。虽然没有刚采摘回来蔬菜的新鲜气息，却有一股经过反复翻煮的浓香且厚重的蔬菜味道。在细嚼慢咽之下，竟然也是一种难以言明的纯朴享受，挺舒服。

　　在过去的潮阳县、普宁县、惠来县等乡村里，都有这种"惜菜"存在，这几乎是家家必有的菜肴。他们认为最大的好处是每天都能随时煮来送饭配粥。特别有意思的是这些农村家庭喜欢煮一大锅稠粥，叫"gè头粥"，认为用它来搭配"惜菜"最佳。

　　我在探索中，了解到"惜菜"产生的原因。它主要应该和农户

惜菜

的种植、收获、销售有一定关系。潮阳、普宁、惠来等乡村家庭都有自家种植蔬菜的习惯，在收获时会拿一部分到圩市去卖，一部分留给自己食用。如果买卖渠道不畅，产量过剩，便会影响蔬菜质量。很多农村家庭因怕蔬菜的成长期过了，造成浪费，便把剩余的蔬菜收割后拿回家熬煮。煮好的蔬菜一天是吃不完的，为了不让煮好的蔬菜变酸变质，每天都必须翻煮着。就这样，天天翻煮的蔬菜变得又烂又老，就成为"惜菜"了。

熬煮"惜菜"有两个方面值得注意：第一方面是蔬菜的品种主要是春菜和芥蓝菜。第二方面是不宜先加入油脂、盐或者鱼露，提前加入油脂会产生其他味道，提前加入盐或鱼露会让菜肴变韧。正确的吃法是准备食用的时候才调入油脂和调料。

目前，"惜菜"这种潮汕风味菜肴已经被渐渐遗忘了，只是偶尔有些怀旧的人提出要吃"惜菜"。现时一些酒家食肆所熬煮出来的"惜菜",也不是当年"惜菜"的做法和味道,没有经过多天反复翻煮的感觉,失去了存在感。

"惜菜"这种潮汕风味菜肴肯定会被遗忘。可惜吗?这是众乡村家庭生活长期积累的一种饮食文化,突然消失了,真的有点可惜。说不可惜吗?这是过去无奈的生活留下来的现象,若论蔬菜的吃法,新鲜蔬菜总比老化的蔬菜好吃,而且营养成分更丰富。所以说一说而已,留点记忆。

五柳之说

在江门新会区一个小镇的餐厅，服务员介绍菜肴时，说有一个菜叫"五柳炸蛋"。我们初时误认为是"炸弹"，觉得好玩，便点上了。当服务员端出菜时，我们才知道是用炸鸡蛋，淋上五柳丝调制成的糖醋酱，原来是这个"炸蛋"。

此"五柳炸蛋"，酸甜有度，配上五柳丝，味鲜色艳，散发着一阵诱人的酸甜蛋香味。大家赶紧夹住炸蛋往碗里放。事后，在五柳炸蛋的诱惑下，我去查找潮菜的若干资料，竟然找到了五柳鱼（五柳酸甜鱼）的烹调方法。

先看"五柳炸蛋"的做法，是利用新鲜鸡蛋，击破后逐粒放入一定油的鼎内去炸，油温相对偏高一些，所以在炸的时候会发出轻微的噼噼啪啪声，故而有人把它说成是"炸弹"，也未尝不可。至于五柳丝，通用的是菠萝、黄瓜、杨桃、番茄、瓜片等食材，切成五丝，调入糖、醋、酱油后烩成糊汁，再淋到炸鸡蛋上。

五柳是什么意思，是与柳树相关吗？我一直找不到依据。最近在报纸美食版上看到陈文修老师关于揭阳五柳鱼的文章，受到了启发，回忆我曾经烹制过五柳鱼的一些印象，因而也想说说五柳鱼的

五柳料

一些事。

陶渊明写有五柳先生的文章，他说五柳先生知识非常渊博，一生好酒，个性独特，但五柳却不是他的名字，只是他居住的地方有五棵柳树。真有意思，我差点把它当成五柳鱼的原创。

至于五柳的原意，是不是我们日常烹调中的某一种术语，又好像不然。但事实它还是比较接近术语，好像代表酸甜的那一层意思。我跟过多位师傅烹制五柳鱼，才明白五柳是用五样食材切丝而成，有如柳丝一样，是否真的跟柳丝有关联，真的未敢确定。

二十世纪八十年代的鮀岛宾馆，柯裕镇师傅在烹制五柳鱼时，喜欢选用鲩鱼（草鱼）、金龙鱼（黄花鱼）之类，采用整鱼双面直切放花，形成直切纹路，炸后双面呈黄金色，鱼纹路相扣，这便于吸收酸甜糖酱，也让五柳丝更均匀分布。

忽然有一天，在烹制五柳松子鱼时，他竟然把五柳丝改成五柳粒，让我不解。后来他解释说，烹制菜肴讲究形态相似应取其相似，形态反之便可行反之。五柳松子鱼的身上已经改变刀法了，这与直刀切鱼双面上有不同，因而改用五柳粒最为合适，也属反其道而行之的技术解释，我信服了。

潮味甜食

　　当温度计从 100℃下降至 90 ～ 95℃的位置，原大华饭店林昌恭副主任说了一声："可以冲了！"随着一声吆喝，豆制品师傅郭创茂先生把一桶煮熟的豆浆抱起后，又从另外一只桶的边沿上冲了下去。浆水顺桶边而下，又向另一桶边翻滚起来，把桶底的食用石膏粉水彻底搅拌、糅合在一起，瞬间凝固了。

　　这是二十世纪七十年代中期，餐饮行业推广和普及华罗庚优选法的一个场面。师傅们长年累月的经验积累定格在一支探热温度计上。

　　说那么多干吗？不就是一桶豆腐花吗？是的，一碗柔滑且带砂糖口感的豆腐花，是人们日常生活中的甜食品种之一。

　　郭创茂师傅冲制的豆腐花是一流的，在冲浆完成后呈现出淡黄色的肉质，用铜制豆花刀轻舀上一下，豆腐花在刀面上轻轻摇晃着，富有弹性，撒上粉末状的细红糖粉，入口那种无限的意念油然而生。幼滑而甜，烫口又热，具有降火功效的豆腐花真是潮汕地区特色甜食之一。

　　事实上，潮菜体系中的甜食品种有几个不同方向在经营。

一是以买卖甜汤为主（包括豆腐花在内），有店面经营的甜汤。在过去，城市的食肆会分出一些甜汤店，经营各式的甜汤，如清甜莲子、清心甜丸、清甜百合、清甜绿豆爽、甜牛奶、甜豆浆、甜糯米丸、甜薏米汤、甜芡实，甚至连面条都做成甜汤面条，又从甜汤面条上升到芝麻甜干面，这在当时是一大亮点。

二是酒楼食肆做菜上需要搭配的甜菜肴。不管是在潮汕酒楼食肆，还是在家庭请客，菜肴到最后时都会安排一些甜品。炣烧番薯芋、金瓜芋泥、芋泥油粿、薄葱饼、落汤钱、反沙朥肪酥、马蹄泥、鸭母捻、炣烧姜薯、煎糯米麻钱、八珍糯米饭，这些品种是潮汕酒席上的常客，更能体现出整席菜品的完美性，特别是头尾甜，体现了潮菜喜酒席的文化。

三是以饼食为主兼有茶配糖点之类。饼食店日常经营的饼食和糖点茶配主要是作为手信送礼，品种以潮式月饼、腐乳饼、杏仁酥、南乳卷、豆条、束砂、芝麻酥、兰花根、蛋爽等为主，这种甜食以质量保证，携带方便，是送礼的绝佳手信。

郭创茂师傅冲制的豆腐花

绿豆爽清心丸

最后，还是找一味芝麻甜干捞面的做法来完成此次甜食的介绍吧。

芝麻甜干面

原材料： 擀好的生面条 200 克，炒熟的芝麻，红糖末粉，葱珠膀少许，芫荽少许

具体步骤：

①将生面条放入滚水上烫熟捞起，分成四碗，撒上红糖末粉。

②把芝麻碾一下分别放在红糖上面，加入葱珠膀、芫荽即好，吃时请用筷子或汤匙搅拌均匀。

青团

过去有一支部队，为了逃避敌对势力的围剿，选择战略上撤退，择路于偏远和荒野山区险峻陡峭的路径，爬过茫茫的雪山，从沼泽草地出走，其艰苦程度是很多人难以想象的。然而他们凭借坚强的意志走出来了，至今让世人佩服，这就是八十多年前红军长征的精神。

一路上，这支部队经历过千辛万苦，特别是在吃食这一方面，他们吃过野菜、野草，甚至树皮、皮带。这种经历还被当作爱国主义教育留在历史上。

在二十世纪六七十年代，我们为了"不忘阶级苦，牢记血泪仇"，要经常"忆苦思甜"，不忘过去的艰苦生活。

那么，我们"忆苦思甜"吃的这种野菜和野草是怎么煮呢？

学校、厂矿、企业等单位会选择一些纤维粗糙的野菜配搭豆腐渣一起熬煮，不加任何油脂和盐巴。每人一份，吃完后还要写一篇受到教育的文章。

这种粗纤维野菜煮豆渣真的是难以入喉，除了干巴巴的感觉外，还青涩无味，根本没什么营养价值。这就是我当年对野菜的深刻印象。正因为如此，在物资特别匮乏的年代，一切浪费油脂的野菜、野草，

厚合菜和麻叶

都会被弃用。在大潮汕地区，还有一些类似的蔬菜如厚合菜（莙荙菜）、野苋菜、麻叶、地瓜叶等，都是因费油脂，被视为半野之菜。

　　我的朋友刘湘清是上海人，每逢到上海休假，他总会带上几包急冻野生荠菜回汕头市，而且时不时会拿一包送给我，说包饺子特别好吃。怎么包？他特别交代要多加入一些肥膘肉，加多一点油肥。

　　除了多加点肥猪肉之外，我还多加了一点鲜虾胶，调入味精、鱼露、麻油、胡椒粉，加入适量水分让其馅料更含汁。在其肥腻的口感的衬托下，煮熟后有着清新的野菜香味。这是我尝到的用江浙一带荠菜做的饺子。

　　我从厨后逐渐认识的野菜和野草，应该各地都有。如荠菜、香椿、艾草、鼠壳草、苦刺心、益母草、珍珠花菜、枸杞菜等。这些草菜

艾草、鼠壳草和珍珠花菜

都是在边缘的田园埂地上生长，如果处理得当，其叶、其心可当菜用，其枝梗可熬汤当药用，有一定的食用和药用价值。

过去，这些所谓的野菜很少被人们选为食用，主要是它的营养价值极低，而且口感苦涩，骨叶上的纤维粗糙。想达到入口的标准，需要加入一些肉食材，特别要多一些油脂。过去的生活条件普遍低下，加上人们对野菜认识上也不充分，所以多数人是放弃食用的。

二十四节气中的清明，人们都必须回家乡祭祖。这季节也非常适合外出踏青，感受万物复苏，吸纳大自然的清鲜空气。一些植物也复苏发芽了，在阳光雨露的滋润下蓬勃成长，艾草更是抢占得先机。

不知什么时候开始，人们一直当成药用的艾草，竟然被厨师们烹制成一款款食品，隆重登场。尤其是那一款糯米糍粑，称之为"青团"，广受欢迎。据了解，上海市许多酒楼食肆和酒店的点心师傅，在这个季节都会提取艾草的嫩叶，切幼切细或取汁加入糯米粉，混合在一起。通过揉、挪、搓、捏，再包上各自所需的馅料，取名"青团"糯米糍粑。

艾草糯米糍粑，具有消食、开胃、清腻和去湿益气等功效。其作用被大家认识了，人们不仅争相购买，还争相模仿出品，取名"青团"的糯米糍粑声名鹊起，一时间把艾草这种野之又野的野菜推至高价。

老百姓喜欢跟风，一旦跟风了，非要拼得你死我活。跟风生产食品，跟风出国购物，组团去日本把马桶盖买断，组团把华尔街的黄金买贵……既然艾草能做成食品，各地多有艾草，理所当然地也就跟着"青团"的风了。众商家蜂拥而上，一时"青团"满城遍地。

你做我也做，而且各有特色。汕头市平平居的主人吴平远先生就是把"青团"糯米糍粑做得另有一番风味的人，他利用核桃做成馅料来搭配青团，感觉上更是完美。

我与吴平远师傅素有来往，略知一些手法，跟风未必是他的性格，所以做青团更多的是他对美食的追求，当然，这也符合市场规律。历年来吴平远先生都会生产很多粿类产品，如鼠壳粿、朴籽粿等。

鼠壳粿也是采用像艾草一样生长的植物鼠壳草为原料，每年农历的三、四月是该原料的采摘期。鼠壳草通过采摘、清洗、选择心叶，再进行熬煮去掉涩味。又通过捶、拍、揉、搓、挑等手法形成了鼠壳泥，再用鼠壳泥与糯米粉混合成粿坯，包上芝麻糖或者花生豆仁糖馅料，用潮式粿模印成桃粿形，放入蒸笼蒸熟，这就是潮汕特色鼠壳粿。

鼠壳草味甘，能去痰止咳；艾草能散气去湿，消食和胃；香椿更具有清热利湿、驱虫利尿的功效；苦刺心也有一定去火散热的药效。

鼠壳粿

　　这些野菜、野草一旦被开发，成品菜肴便不止一二味了。煎蛋、包饺、煮汤等品味体现了人们在尝鲜上的层出不穷。从药用转换到食用是一种跨越，旧时候因生活的欠缺，有很多好味道的植物被定为野草、野菜，想想也真的有点可惜。

民俗的事与食

在大潮汕地区，春节过后就陆续过乡节了，特别是元宵节前后，各乡镇的村落就开始"营老爷"（游神）。潮汕人称之为"乡里闹热"。

"营"是巡游的意思，至于"老爷"是什么人，我没有研究过，至今都弄不清楚。问过好些人，都得不到正面回答，只是说各乡里的"老爷"不同，他们举行的活动方式就不同。

潮汕地区一些乡村的赛大猪场景

潮汕春盛

壮雄兄弟在盐灶营老爷的这一天，邀请我到他们家乡去吃鹅肉，于是我带着"老爷是什么人"的疑问走进了盐灶。

虽未全场参与和观看，但局部的场面已经非常壮观了。乡镇广场人头涌动，烟花爆竹声震耳欲聋。人群从四乡六里拥入抢拖老爷的集中地，等待时辰的到来。

当晚，有很多人发来拖老爷的视频，一看就非常震撼，带有野性、暴力的抢夺场面，让我觉得不可思议。

"老爷"不高大，但绝对是用柴做的（民间有"柴头老爷"的叫法），要不然怎能忍受如此抢夺？抬老爷的人和拖老爷的人都说，抢得到者或者拖住了的人，今年会有好运气。大家都抱着这种信念，不可避免的搏击场面就出现了。

"老爷"在潮汕民间的传说太多，澄海盐灶的"老爷"故事更是特别，这种拖老爷的故事就让文人墨客一直写不完。

这柴头老爷坐在轿椅上，任由各路人士搬弄都不吭声，最后好与坏都由他人去说，却享受了人们的食物供品和香火跪拜。从澄海盐灶回来后，我一直思考与营老爷有关的事。可不可以这样说：营老爷是由过去的某些迷信活动逐步演变成为今天的民风民俗，它们都有一个明显的共同特点——凝聚乡情。只要是乡村的事，一切信仰都必须服从乡规和民俗，这是不能违背的原则。

有一种说法，说早年能拥有西方宗教文化的地方，都是比较贫穷落后的地方。原澄海盐鸿镇据说在潮汕地区是最早拥有天主教堂的。我们一走进巷道，就见到了天主教堂耸立在乡里，明显就能看出那个年代的宗教烙印。

如今多条道路通往盐鸿镇，交通方便。以农业及渔业为主导的盐鸿镇，除了农耕作物有杰出发挥之外，近年来在饮食上也做足功夫，开发了更多品种，特别是鱼饭、大蚝和薄壳、薄壳米的延伸……

壮雄兄弟是盐鸿人，经营着一家以薄壳米为主的饮食摊档，热情待客和尽心勤力是其经营手段，让他们的生意一直处于良好的发展势头，同时也结交了很多朋友。

壮雄兄弟出品的菜肴中规中矩，符合特色农家乐的标准。从饮食的角度去判断，除了适季的薄壳米之外，他们养的薄壳米鸡也是一道不错的风味菜肴。鸡肉丸、薄壳米桃粿等都属于菜肴中的佼佼者。

密集的鞭炮声此起彼伏，这种撞胸震耳的巨响是城市难以听到的。年轻人容易冲动，这种声音会让你兴奋，血脉偾张。营老爷的脚步声随着时间的推移，渐渐近了。我与朋友们都是上了岁数的人，不可能与年轻人一样挥草绳，混入人群热闹一番。吃了鹅肉，喝了

好茶，游神广场上走了一圈后我们便回来了。路上，老爷是什么人还一直在探讨中。大家一致认为叫什么名字、冠什么番号都无所谓了，但他们一定是为民间做过一些有益的事，为人们所敬仰的。或者是能让人们觉得有某些精神寄托，便产生了倚靠，祈求平安福康。

壮雄兄弟是天主教徒，积极参与家乡的营老爷活动，让我摸不着头脑。同行的黄晓雄先生解释说，潮汕人是很有乡土情结的，像"乡

潮汕地区的乡宴场景

里闹热"这种活动，家乡人一般会主动参与，甚至很乐意参与，要不然别人也会对他们有看法。何况这种民俗活动早已远离了迷信色彩，人们更多地把它当作一项民俗嘉年华活动，可以跟具体信仰无关。

一席话解开了我心中的疑惑。如果倒退三十年，我一定也会撸起袖子参与"老爷"的抢夺，你信吗？

Chapter 3
第三章

无肉不欢狂想曲

猪肉烹制

　　脑中来回检索多少次，梳理了许多往事，特别是大国营年代，计划经济的秩序让一些食材受到产量上的限制，因而潮菜烹艺在特定的年代出现了特定的菜肴。

　　一头猪能烹制出多少味菜肴？一块肉能烹制出多少种味道？好像从未有人认真计算过。

　　近期为了拍摄一些正在流失的潮菜照片，我经常一早到菜市场去。站在鱼贩前，站在鸡鸭摊前，站在猪肉摊前，驻足观看。特别是猪肉摊，案板上放满鲜猪肉、排骨、猪头皮和内脏等，看着卖肉者利索的刀功，或砍腿，或剁骨，或切肉，我思绪万千。

　　家庭主妇最喜欢的是到菜市场切一条五花肚肉，到家里改成小块，放入鼎中煎出猪油花，把猪油盛起来炒青菜，出油后的肚肉再用酱油煮成豉油猪肉，加入鸡蛋或豆干，煮成一钵，成为送酒送饭的家庭常见菜肴，一肉两用。

　　年节一到，祭拜祖先或者神明，潮汕人就喜欢用三牲去做供品。除了鸡、鸭之外，免不了的是猪头皮，它们称为三牲。当祭拜节日完事后，猪头皮用刀切成肉片，蘸点着蒜泥醋，饱腮满腔的肉香味，

卤猪手

让你绝对不会后悔。

我与蔡培龙先生在大华饭店工作时，因为肚饿和馋嘴，硬生生地把白水煮熟的整个猪头皮切成薄片，蘸着鱼露吃了。事后挨厨房班长一顿批评，现在想想也可笑。

二十世纪六七十年代，有太多的事让我不能忘。饮食人只关心饮食之事，时代给你的是局限性的食材供给，让你为他人办酒席时，在选材上首先会考虑到猪肉。

印象特别深的是芙蓉炸肉。因为每一张菜单都会以猪肉作为首选出品，而首选一定是芙蓉炸肉、佛手排骨、酸甜咕噜肉、干炸肝花等，然后才会用到其他食材。关于芙蓉炸肉曾经有过小争论，很多师傅都会把它看作炸玻璃酥肉。其实芙蓉炸肉与玻璃酥肉不外乎就是肉的外面挂着什么糊浆去炸，更重要的是玻璃酥肉有一个玻璃糊汁。

罗荣元师傅曾经说过，挂脆浆的酥肉会更酥脆，配点甜酱更完美。如果用玻璃糊汁淋在上面或托在底盘，都对其酥脆有影响，不如直接做芙蓉炸肉上席更好。我一直记着它。

如今突生灵感，想用一只猪的肉来做烹饪分析，先把它分配为几个组合，再让肉在多条件的诱惑下散发出多种味道，还原一些失去的烹制法。

一、猪头，取肉连带舌部在潮汕地区被称为猪头皮，适宜于白卤煮头皮和酱油卤头皮，广泛用在食堂、大众餐厅和市场的卤味档。

最有趣的是在标准餐室，前辈厨师魏坤先生用剁刀把猪头骨对开后取出脑髓，挑去血筋撒上盐巴，放入蒸笼炊10分钟取出，晾干后改块撒上面粉，再蘸着鸡蛋液去炸，然后加入其他食材，通过炊煮，居然成为一道菜肴，取名结玉脑。而猪头脑骨则放入大锅内熬汤，熬煮到一定时间，大家都会争着去捞猪骨头，取出嘴巴内的牙龈肉，蘸点鱼露，送进自己的嘴巴，其美妙的感受唯有自己知晓。

二、猪脖子肉至下面连前腿肉部分，潮汕人称之为脖子肉和前腿瘦肉。脖子肉部分其实应称为猪颈肉，因白肉与瘦肉相交，人们又习惯称它为雪花肉，此肉在潮汕最适宜焯汤、泡面、炒肉片。江苏一带的狮子头，特别是扬州的水煮狮子头，为什么让人喜欢，就因为它是取雪花颈肉来烹制的，其肥瘦相间的比例加上巧妙摔打、渗水、调料，让其含汁嫩滑，吃时能饱腮油嘴。

在潮汕，厨师用其来烹制成芙蓉炸肉、结玉炆肉等，当然是再好不过了。因为肉质的部分相对较嫩滑，纤维也不粗糙。

三、颈背上至后腿背上的白肉统称为白膘肉，弹性强，香气足，是煎成猪油的好料，膀粕渣还可煮成一碗可口的潮式膀粕粥。再者，

老菜脯焖猪尾

用白糖腌制后的白膘肉是饼食的好添料，更是潮菜甜品膀肪酥的最佳选料。最关键的部位是肚肉与排骨相接的顶端，有一条瘦肉条，潮汕人称之为肉目，切片切丝均是上料，是炒肉片、炒咸菜肉丝的上品。

四、后腿肉大都是瘦肉，把一些粘边的韧筋和肥肉去掉，绝对是槌打猪肉丸、肉饼的好肉料，而酸甜咕噜肉的取料便数这粘边的韧筋料最好。

罗荣元师傅说过，五香果肉的取肉料就是在这些边料中利用完成的。同样的，把这边角料肉取出，用刀剁碎，加入鲜虾仁、鲽鱼末、葱珠，调上味精、精盐、胡椒粉、适量水分和湿粉水，便是潮式云吞饺的好馅料。

五、五花肚肉，潮汕人称为肚肉，这是一块人见人爱的肉，特别是潮汕家庭，切刮一条肚肉，用几粒海盐抹一下让其腌制入味，放入清水煮熟，晾干后即可祭拜地主老爷等。祭拜完毕后切成小片块，回锅炒咸菜、荷兰豆，回味无穷。至于煮肉后的汤汁，煮上豆粉丝，撒上葱花，美味可口。

先民苏东坡先生用心研究烹调术，一边为官一边做菜，老百姓犒劳他的猪肉，他却做成红烧肉回赠，因而人们称之为东坡肉。今大量的东坡肉都是用五花肚肉烹制的。

在潮菜的烹饪空间里，芋头扣肉、梅菜扣肉、甜绉纱肉，还有酱油卤肉的烹制，都离不开五花肚肉。

六、排骨，覆盖在肚肉的两边，以自身强劲有力的支撑，保护内脏不受到伤害，其骨肉质有韧性也有筋道，因而煮出来后的味道极佳。家居最常见的是生炊排骨，有豉汁香、沙茶香或梅汁香，让你看到它的多样性。排骨熬汤，苦瓜的、莲藕的比比皆是。

难能可贵的是潮菜中的炸佛手排骨，称其为狮球排骨也形似神似，但我内心仍喜欢称它为炸佛手排骨，它如把拳头收紧的善善之心。含肉的一头香气饱满，慢嚼之唇齿留香。

猪筒骨、匙骨和其他杂骨，虽然作用不大，但作为煮汤的食材，还是具有一定用途的，如煲莲藕、煲萝卜等。

七、猪是非常亲民的家畜，给人类供给肉食，但它永远无法抬头看天，这是一个难解的题。

人们也怪，把猪的前脚称为手，后脚才称为脚，在脚往上接近腿部的部分叫蹄膀，潮汕人称之圆蹄，在潮菜中能做成红烧圆蹄，而广府人则把前脚做成白云猪手、财就手等。德国人最聪明，把圆蹄通过多种辅助材料腌制，烹制成咸猪手，风行全球。

卤五花肉是粿汁的经典搭配

八、猪的内脏，烹制得好，妙不绝言。

早晨，潮汕各县市的街头巷尾，猪肝、猪肺加上猪颈肉，再搭上真珠花菜、益母草，便是一碗美味可口的汤菜。想充饥，换成粿条、面条，意想不到的效果就会出现。

猪肝，切片来炒，过火了太硬，软炒不到位，出血水，难为了厨手，最佩服的是潮菜中的干炸肝花，解决了出血水和口感偏硬的难题。

猪肚，家家户户都能烹得的胡椒粒炖猪肚，熟透时加点酸咸菜，原汤原汁气味冲天，热胃暖身让你难忘。如果把生猪肚尖取出，用刀修去带皮带肥部分，再用玉兰花刀切成花球状，通过一段时间的浸泡，让它自然膨胀，清脆无渣，口感极佳。

如果与猪腰子密切配合，形成双脆，绝对是一盘佳肴，双辉相映。当然，清炒肚尖片也是绝活。香港阿一鲍鱼店的鲍鱼是一绝，但炒肚尖片也值得夸奖，二十多年前我在阿一鲍鱼店品尝到炒肚尖片，至今不忘。

猪腰、猪心、猪肺、猪粉肠在外地是被人摒弃的，但在潮汕人眼中它们却是美食，经过清洗、漂水、熬煮，绝对有意想不到的出品，比如杏仁炖心肺、橄榄炖猪肺都能起到药食同疗的效果。

内脏的重头戏是猪肠，猪肠可分为大肠和小肠（也称为葫芦肠）。它有一种气息让你爱恨两难。潮菜中忘不了的是卤大肠，酱油香的卤水浸透着大肠，让其入味，切片改块，在蒜泥醋的支持下，嚼劲无限，谁敢说不爱它，那此人一定是说假话。用卤大肠挂上薄浆，热油猛炸，加点胡椒油，一盘脆浆炸大肠又闪亮登场。桂花酿大肠、猪肠胀糯米都是穿梭于酒席、民间摊档间的美味。历史的传奇是味道能延续，而猪肠煲咸菜，一道潮汕味极浓的菜肴也将会无限期蔓延下去，让传奇继续。

卤猪肠

真珠花菜苦刺汤搭配猪颈肉、猪血等

　　九、忘了告诉你，大鼎猪血是潮味不灭的灵魂，贯穿于身上的热血忽然静止了，你理解了吗？尽管有很多地方的人不吃，也有很多人不理解。

　　健康的生猪经过宰杀后，流出的血经过盐水调和，凝成固体，通过蟹目水慢慢浸煮，变成暗淡红色的血块，很有弹性。如果在早晨用其煮上一碗西洋菜，清鲜之味不比任何早餐差。这潮汕人怎么弄的，连猪血都能烹得如此可口？

　　一头猪能受到如此礼遇，说明了它的能量。其实猪肉的烹制还有太多太多，而由此延伸肉制品的烹调法又有很多很多。可不是吗？腊肉味、烧烤味……

爱恨两难的气息

二十世纪七十年代之前，汕头老市区民权路盐埕头和中山路交界的同益市场内有一些小摆摊仔。摊档都很简陋，几只小椅子和一个小煤炉，炉上面放着一个大生铁鼎，鼎中煮了几条猪肠胀糯米。鼎的上面一边放一片小木板，用来切猪肠和放碟子与甜酱。

当有客人来，要上一碟，摊主会很快切好，淋上甜酱送上。这便是潮汕地区流传得很广泛的一种地方风味小吃——猪肠胀糯米。

它取材于猪肠中的葫芦段，经过浸洗去掉黏液和异味，再把部分肥衣撕掉。洗净的猪肠，一头用咸草绳扎紧，填入浸泡的糯米、豆仁、虾米、香菇等料头馅，加入一定的水分，通过灌肠方式注入猪肠内，再把另一头扎紧。随后把整条猪肠分一段后小扎，有如腊肠一样，再放入鼎中浸煮。整个过程不宜大火，还要注意别胀爆，必要时用钢针穿刺让其透气。

我的人生，做了半个世纪的饮食，关于猪肠，头脑中一直思索着未解的几个问题。猪肠的韧性为何这么强？酒席上为何未见猪肠胀糯米的出现？猪肠的气味怎么就那么冲？

经过长时间思考，觉得可以这样解答：

猪肠胀糯米

　　一是猪肠担负着排泄功能，也承担着保护内脏安全的责任，所以它必须具有较强的韧性，才能让排泄物不影响其他内脏器官。它应该与猪肚一样是肚内的另一种皮，这便是韧性存在的理由。

　　二是街边小吃出现在酒席本来就较少，再加上猪肠胀糯米是充饥型，饭团比较容易松散，用在酒席出品难度大，所以少用甚至不用比较合理。

　　三则猪肠洗太净了，特殊的气息便没有了。有很多人认为"臭屎味"是猪肠洗不净的表现，其实不然，猪肠是内皮，虽然与外皮有不同胶原质影响味道，但内皮的韧性让你在慢嚼中更能窜出异样的气息，这是一种忘不了的味道。

潮汕人喜欢做小生意，尤其擅长饮食上的小生意，哪怕一点小吃摊仔，比如一摊仔泡粿条面，一摊仔白粥、粿汁，一摊仔甜汤，一担豆花、草粿，都能做得有声有色。潮汕人有一个"大大功夫是度生，小小生意会发家"的信条，小生意往往能做得让大家刮目相看。

汕头市早上的粿汁摊便是这种小饮食摊的典型代表，它遍及大街小巷。它不仅讲究粿汁的粿是炊的还是煎的，更讲究配套的卤味如何、香气足否。而卤味上特别令人关注的还是那大小卤猪肠：它卤得软烂吗？卤得入味吗？有咬劲吗？这都跟潮汕人的喜好有关，当然，最重要的是猪肠上的气息还在吗？

汕头长平路中段转弯的大巷内，有一位中年男子，每天摆卖着他的粿汁摊，生意一直不错。我也隔三岔五前往消费，究其原因还是喜欢他的卤猪肠，特别是那弯弯曲曲的小葫芦肠，感觉上软烂了却带着韧性的咬劲，让你在慢嚼中缓缓品味那爱恨两难的气息。

既然写猪肠了，我觉得应写出猪肠在潮菜上的一些烹制做法，别只把它当作小餐饮角色，毕竟它在潮菜中也有杰出表现。

朱彪初师傅编写过一本潮州菜菜谱，描述了一味炸大肠的原材料和操作过程，让人们领略了猪肠在潮菜出品的另一面。猪大肠要卤香入味，然后开边摆正，湿身拍粉，中温油热炸，噏汁助气，脆皮软身，这便是气息不灭的潮式炸大肠。

潮菜名师罗荣元师傅在处理"炸桂花大肠"的时候，又比炸大肠前进一步了。他利用直肠中段不紧不松的那一节，先行清洗干净。然后把虾仁拍成虾浆，调入其他食材配料，诸如猪肝、白肉、香菇、莲子、粟子，搅拌成馅料，装入猪直肠后，双头用咸草绳扎紧，放入卤汤内入味卤制约 30 分钟。随之挂上脆浆，用热油把桂花肠炸至外皮酥脆，用斜刀切后摆盘，淋上胡椒油即成。如果有条件，应自制糖醋吊瓜龙或菜头龙摆盘。

糖醋吊瓜龙：黄瓜、萝卜改条状，用刀反转斜切让其不断，经糖醋腌制而成为连体的配菜品。

以上两位师傅的猪肠作品，我认为朱彪初师傅的炸大肠犹如武林角色出场那般，有一种"气冲霄汉"的气场。而罗荣元师傅的"桂花炸大肠"却是拳术上的花拳挑钢枪一样，好看有味道。

猪肠的品种还有很多，能勾起记忆的还有一道传统菜肴"龙穿虎腹"，目前大部分酒楼食肆不做了，它面临着失传的可能。

这是一款利用乌耳鳗（白鳝）和猪大肠共同完成的潮菜名菜品。究其失传的原因上，我认为有以下两个方面：

一是烹制上比较烦琐且价值不高。首先，单纯清洗猪肠这一环节，便比较麻烦；其次，乌耳鳗装入猪肠后还有卤制和热炸、切配摆盘等环节。

二则是食材变化。特别是乌耳鳗，过去都是野生的，在装入猪肠后卤制，乌耳鳗不易腐烂，口感上比较好。如今乌耳鳗大部分都是养殖的，鱼肉容易烂，口感上较差，没有以前的效果，所以被弃之。

还有一款家喻户晓"猪肠煲咸菜"在这里不用多说了，还是猪肠与潮汕特有的酸咸菜结合，产生出的气息，让人永远铭记。我在想，很多时候传统菜肴能传承下来，更重要的是它存在于"气息不灭，魂在味道"。味道永存在菜肴之中，它的气息就永不灭。

干炸肝花

干炸肝花

原材料： 猪肝 1000 克，白膘肉 300 克，鲜虾仁 200 克，生葱 500 克，鸡蛋 2 粒

调配料： 川椒末、胡椒粉、味精、盐、白糖、曲酒、干芡粉均适量，猪网油 2 张（注：食用油作为热炸时所需，必备用一定的量，上席时也必备一碟甜酱搭配）

具体步骤：

①先将猪肝用刀顺刀切，让其相连，再逆向刀切成齿形片状。白膘肉用刀改为小条状，再横切成小薄片，一起放入菜盆内。

②鲜虾仁洗净沥干，用刀平拍成虾胶，取蛋清加入，调上几粒盐把虾胶搅成虾浆后，加入猪肝、白膘肉中。

③葱去头洗净，取葱白大部分，用刀斜切成小段后汇入盆内，再调入味精、盐、白糖、胡椒粉、川椒末、曲酒，搅拌均匀，再加入少许芡粉。

④猪网油洗净束干水分，逐张铺开，把拌好的肝花馅沿边投放，再卷成圆状，放入蒸笼炊 10 分钟，取出晾干，改成小段候用。上席时根据人数，取出若干小段，再用薄粉浆裹紧肝花，放入油锅热炸至金黄后捞起，改切成圆块，淋上少许胡椒油即好。

特点

香气十足，肥而不腻，爽口滑嘴，是佐酒美味

猪网油

这是一个非常优秀的传统潮菜名菜肴，它解决了炒猪肝和焯猪肝容易出血水，卤猪肝口感又比较老、涩等问题。我认为，这是一味独特的猪肝品种。

如今，市面酒楼食肆已经很少出品这个菜了。我一直在思考其中的原因。或许猪肝作为食材，因含胆固醇太高而被拒了，或许在价值体现上达不到理想效果，故而多数厨者选择弃之？不管怎样，从技术角度上，我还是想从几个方面解读一下这道名菜。

其一，工序烦琐。烹制干炸肝花这个菜品，首先在猪肝的刀功处理上要先采用顺刀放花，再横刀切片。很多人可能不解，认为多此一举，事实上这是一个关键技术。猪肝煮熟后，它的张力比较强，如果不顺刀放花，它在制成菜品时，容易胀破猪网油，便不好看了。

其二，黏合力。猪肝和白膘肉在搭配上具有滑口和香气共存的特点，它们的黏合力不强，单纯用芡粉还容易松散。而选用鲜虾仁，通过洗净沥干，用刀拍成虾胶，再用蛋清调成虾浆，让它和猪肝、白膘肉搅拌在一起，黏力更强，也不容易松散。

再者，对食材理解不同。从营养学上来说，动物内脏脂肪高、胆固醇高，很多人生怕吃多了影响心血管，导致血压升高等症状，故而动物内脏也逐渐被弃用。事实上，猪肝含有大量铜、铁、锌等元素，这些营养成分与其他食材搭配合理，既美味可口又有益，偶尔小试对身体也有好处。

四是价值认知误区。如今的猪肝受到各种非议，价格低下，如果费尽力气烹制成一个品种，反而得不偿失，很多人会认为不如不做，于是渐渐放弃了。

咕噜肉

　　咕噜肉，一个家喻户晓的中国式普通菜肴，白天鹅宾馆原副总经理彭树挺先生在几年前就将其拿出来说事了，引起了一些共鸣。近日又翻版一下，晒出来放在微信上，让我也若有所思。再普通不过的咕噜肉，能拿来说事，说明它有看点，可能因为它是一个传统菜肴，有着传统的烹饪方法。

　　咕噜肉，潮汕人喜欢称酸甜咕噜肉，也有人喜欢称古老肉（其实是鬼佬肉）。据说中国菜肴中很早就有一味酸甜肉，随着早期的中国人到海外开餐馆而被带到国外。外国人每次到中国餐厅都必点酸甜肉。有人还认为咕噜肉在国外的中国菜肴中，可算为第一大菜。

　　彭树挺先生引用了蔡澜先生的一段话："我很喜欢传统的广东菜，越传统越好。但广州已经很少有做得好的传统粤菜，很可惜。现在餐厅拼命创新，反而传统的东西不保留，忘记了，师傅也少了，以前我们炒咕噜肉，用山楂汁炒，不是用茄汁，餐厅为了省时间，用茄汁也可以卖便宜点。但我宁愿他卖贵点，能做出好的菜就可以。"从蔡澜先生的原话发声，可看出彭先生对传统菜肴的喜好和追求，我认为他是值得尊敬的。

菠萝咕噜肉

　　基于某些原则，对传统菜肴的出品，我有自己的一些看法。一个传统菜之所以成为传统菜，最大的理由是它一经出现，就被人们接受认可，而且经过厨师的长期演变总结和改进，构成了一定的模式，存留下来。

　　区域上同类食材难以在另一区域出现，寻求共同食材可能有困难，因而难以达到传统性质上的求同。咕噜肉的原材料在客观上难于"求同"，主观做一些改良和创新，对任何地方菜系都是最可行的办法。

　　以粤菜的咕噜肉为例，虽然它们在过去的烹制过程中选择山楂汁作为果酸作用，达到效果上的酸甜口味，也是原生态最佳效果，但是让它在其他地方出现，是很难的。很多地方菜系中用糖与醋来代替出品，虽有一些小小差异，然而能让咕噜肉在烹制上有更广泛的食材来源。

我是潮菜学厨者，根据最初学厨时所做的菠萝咕噜肉和看到师傅们所烹制的菠萝咕噜肉等，来说说当年的一些烹制经历和见解，也让你对咕噜肉有一个评判。

此做法是二十世纪六七十年代汕头标准餐室和汕头大厦的范本。

菠萝咕噜肉

原材料： 肥瘦相间的肉，即猪颈肉这一部分最优。其辅助材料有菠萝、生姜、生葱、面粉、干薯粉、湿粉水和生油

调配料： 川椒末、味精、盐、白酒、白糖、白醋

具体步骤：

①先把猪颈肉片开，用直刀法把肉交叉切出纹路，然后改成雁只块，把生姜、生葱拍碎放入，调上味精、盐、白糖、酱油、白酒和川椒末进行腌制。时间一般都必须在20分钟以上。

②把菠萝刨削去外衣和心骨梗，切成块状，另外还要调好一个酸甜适度的糖醋料碗糊。关键是入油锅酥炸前，腌制的肉在加入干湿粉时，干薯粉与面粉的比例一定要适宜。在挂好干湿粉后再逐块放下去炸。

③炸咕噜肉最好是二次炸法，即复炸一次，其咕噜肉才会显得外脆内酥。

为什么要复炸？因第一次炸的时候，油温相对不宜过高，故此对肉的浸透未能一下子达到。再者猪肉从内部排出油脂，往外泄的速度也慢，因此捞起让它回软后再炸，即显得出外脆内酥松的感觉来。

信不信，你去试炸一下看。

在进入菠萝与咕噜肉的汇合时，菠萝是要先入鼎炒后再调入糖醋碗料进行化浆后勾芡，再把番茄和炸好的肉块一同汇总，迅速翻鼎拨其均匀，最后下一点包尾油即好。这道菠萝咕噜肉的关键点，是咕噜肉的肉一定要外脆内酥，酸甜度适口统一均匀。

咕噜肉的原创者来自哪里，我不清楚，故而它的原创烹调法我也不明白。不过按照菜系来区分，它应该划为粤菜系。按照我自己的理解，广东人比较早到国外谋生，遍及世界各地，创业上多有选择餐饮业（开餐馆）的，所带去的菜肴中，咕噜肉比较普遍，故此更容易接触到外国人。

且广东是菠萝主产区，菠萝入菜多选择为酸甜，与咕噜肉搭配顺理成章，故此认为咕噜肉属于粤菜休系应是比较有说服力的。哎！管它什么地方先有咕噜肉，管它什么年代出现，还是把过去一些咕噜肉的烹制故事说说吧。学厨那些年代，师傅们用猪肉去烹制菜肴，变换着做出很多品种，咕噜肉、五香果肉、芙蓉炸肉、玻璃酥肉等。

罗荣元师傅讲过"五香果肉"体现了一个职业厨师的敬业精神，把废料变为一个值得骄傲的菜肴。其实他也说过咕噜肉也是一个体现厨师敬业精神的典型菜肴，它原先的肉料也是属于被遗弃的边缘肉料。厨师细心了，把它变化成了另一个菜肴。虽然它的操作和复杂性不同于五香果肉，但是其用心去腌制，用心去热炸、复炸，其中的真功夫也是不能小看的。

判断一个传统菜肴是否守正，不能简单看一些投料变化，更关键是看整个烹饪操作过程中，是否脱离了传统的具体操作步骤，其味是否已经变了，达不到原来的效果。

　　咕噜肉是否守正，不能单纯看原材料搭配，我认为更应重视选肉、腌制、热炸、复炸的过程以及酸甜适度，这则应该视其地方的口感调匀。

　　今天本着求同存异的目的，谈谈自己的观点，故此悟得。

　　味若仅随一人，味算何味？

　　味若能合众客，味才是味。

发财就手

　　广府菜中有道出名的菜肴，每逢过年过节最旺销，也是平常人家最喜爱的，取名曰"发财就手"。单这菜名便能吸引很多人，凡夫俗子谁不想发财呢？吃饭的东西都能想出一个好称谓来，师傅们用心了。

　　此菜肴是用什么食材烹制的呢？是猪手。不是吧，这明明摆的就是猪脚，怎么叫猪手呢？应该这么说，猪的前脚叫猪手。白云猪

梅子焗猪脚

手也是猪的前脚做的。其实叫作脚也不会错，动物是四脚落地的，只是人类能站立行动，才将脚手分开。

在做菜的领域里，分清脚、手的作用可能更重要。所以"发财就手"菜名就不能叫"发财就脚"了，既不顺口也难听。

潮州菜系用猪脚做菜也有一部分，而且很出彩，如卤猪脚、红炆猪脚、梅子焗猪脚、猪脚熬豆仁、猪脚炖鱼翅。这些品种有的局限于酒楼出品，烹调技巧上让一些家庭主妇望而却步。这里，我想介绍一味简单的家庭式炆猪脚。

家庭式炆猪脚

原材料： 生猪脚两只 1500 克，湿香菇 50 克，青蒜仔两条，辣椒两粒，姜一小块，芫荽一小株

调配料： 酱油、味精、白酒、白糖、辣椒酱、麻油、酒、生油适量

具体步骤：

①猪脚去净细毛和蹄壳，破开掰斩成细块，洗净候用，青蒜改段，生姜切片。

②热鼎下少许油，将香菇炒香后备用，再将蒜段、辣椒、姜等爆香后下猪脚进行猛炒，边炒边加酒、酱油、白糖、麻油等，让鼎气突出。

③加入滚水，转慢火炆至黏胶紧身，再把香菇投入，收紧汤汁即好，过程需要40分钟左右。

特点

浓香入味，虽粘口但不腻，胶原蛋白质强烈

　　说猪脚，不得不说卤猪脚。潮菜中的卤猪脚都是采用先分解再卤制的方式。而惠来县的隆江猪脚却是整只，斩成节段，卤熟是一圈圈而不开边的。 近年来，惠来县隆江猪脚异军突起，遍及广东各个城乡。是什么原因让它蹿红，真的难以说清楚，不可否认的应该是它优秀的出品，入味、嫩滑、软口，肥而不腻，胶原蛋白突出，在卤制中体现了酱油香和其他原材料的综合元素，所以容易让人接受。

　　二十世纪八十年代初我看过一篇文章，介绍广州酒家黄振华师傅在交易会期间为日本客人做的一道菜肴，叫"一掌定山河"，厨艺技惊四座，品味服众。选材上是鲜熊掌，然后用海参、元贝、香菇辅助，用老鸡、肉皮、赤肉作为辅料来煨炖入味。其他的调配料如香茅、八角、桂皮、川椒、蒜仔、辣椒、姜、芫荽、味精、酱油、白糖、胡椒粉、麻油等。把熊掌的营养价值和珍贵价值发挥得淋漓尽致，让日本客人拜服。

　　如今熊被列入保护，烹制熊掌这种事实属违法，已是万万不可能了。但是，作为厨者，一定要分清脚与掌的关系，所以才借用熊掌来比喻，有一定代表性。

　　动物界的身体部位有很多叫法甚是趣味，特别是在做菜这一方面，该叫脚就不叫掌，要不鸡脚就叫鸡掌了。

　　鹅掌、鸭掌之所以称掌必定有过人之处，它是脚趾之间由筋皮掌肉相连，如果把连在一起的掌肉剪开，那鹅、鸭到水里面一定游不得了。

东海圆蹄

有一次，陈占伟先生在香港请客，约定到香港一家老牌的意大利餐厅。作为主角菜肴的一盘圆蹄出现时，大家顿时眼前一亮。圆蹄上的猪腿皮被烤得像鸡皮疙瘩一样，那种好像油脂全无的瘦肉伴着德国泡菜的酸爽味，让场面顿时静止。这就是当晚我和朋友的生活享受，一味德国咸猪手。

我赶紧去查找相关资料，才知道这是德国名菜，以德国科隆的咸猪手最有名。德国人搭配着生啤酒吃，有如我国《水浒传》中梁山好汉大口吃肉、大口喝酒的样子。

受那一夜德国咸猪手的启发，我一直思索着我们猪手做法和各种传说，最经典的传说有广州的"白云猪手"。

相传白云山上有位出家人忍受不住斋食，偷偷到市场上买了两只猪手想来解荤，处理加工至一半，师父刚好回来。出家人怕被发现便把猪手往窗后扔，猪手刚好掉在一条清泉流水溪中。山泉把猪手冲刷一夜，矿物质提升了肉质的味道，第二天出家人偷着去取来吃，真是一个了得，皮脆肉爽，冰凉如冻，洁净如雪，回味无穷。故事发生地是广州白云山，因而被命名为"白云猪手"。

　　世间利用猪手烹制成菜的人和事真是太多了。我从厨几十年了，潮菜中烹味猪脚究竟有多少味呢？想一想，还真的被问住了。梳理一下，潮式卤猪脚、豆仁熬猪脚、潮式猪脚冻、菠萝酸甜猪脚，而最典型的要算惠来隆江猪脚。那种横切节圈的卤煮法是独一无二的。然而这些出品都是传统做法，很难被突破。而自创办酒家以来，我一直希望借鉴一下其他地方的名菜来改变潮菜的色、香、味、形，创出不一样的另类做法。

　　突破固有的出品模式，一直是我寻求的目标。经"德国咸猪手"味觉诱惑着，灵感突破了地域界限。在偷不得"秘方子"便学得样子的思路下，我用改良手段把德国咸猪手提升为"东海圆蹄"，哈哈，真的有意思。

东海烧圆蹄

很多时候是你不注意、不在意或者不经意，才会让一个好品种流失。回想那种要如何改变的过程，心里难免有一种感叹。唉，这世上最难的不是变化，而是创造。所以当洋葱腌制代替不了珠葱时，我就觉得应该努力把"圆蹄"做得有自家特色品味。详细操作过程因是技术秘密，暂时不便全面公开，但简单的操作还是得透露一点。

腌制时间需要四小时，腌味更具穿透力，这才使味之无穷。其次在初步加工上须让它完成至半成品。进入蒸笼蒸一小时，不行再加一小时，还是不行，再蒸两小时，一定到软黏才达到要求，后面的出品才会精彩。这就是"德国咸猪手"演变成"东海圆蹄"的过程（本人创办东海酒家，故将之命名为东海圆蹄）。以油炸取代烘烤的操作模式，让圆蹄的猪腿皮起泡的疙瘩均匀，在伴佐食材上选择的是潮汕独特的酸菜小株泡菜。取其中段骨叶相间段节，经切丝后热炒，佐吃于"东海圆蹄"更具风味。

第一次被顾客点上了，客人对"东海圆蹄"的火候、色泽、味道总体的评判是满意的，他们完全接受了。自此后，东海圆蹄成为东海酒家在宴席、小酌、外送、团体宴请都能出现的佳肴之一。

记得有一次和张新民先生、郑宇晖先生、韩荣华先生、林自然先生等相聚，尝试"东海圆蹄"后，大家对其皮黏而爽，肉嫩而弹，穿透入味给予了高度肯定。当郑宇晖先生把骨头拿起来啃的时候，我放心了，一定是入味了，味道都穿入骨了，真的是偷学转换成功了。

又到羊肉季

吃羊肉有季节，你信吗？

广东人吃羊肉一般选择在农历八月十五后至开年的三月。这个时间段里的羊肉肥而可口，且热气充足，是冬天的御寒补品。过了这个时间段，羊肉的质量明显下降，加上春夏季节热气回暖，吃羊肉容易诱发热气，形成肺气燥热，所以这段时间吃羊肉的人就较少了。

有一年冬天，我在广州参加一个活动。空闲时间，我同食界朋友相约到荔湾区西关大乡里一摊羊肉档吃浓香羊腩煲火锅。他们是传统火炭炉砂锅形式，清一色浓汤芝麻香味，站在门口就能感受到扑鼻的香气，生意非常好。综观他们经营的手段，值得探索与学习的地方太多。

首先是羊肉处理非常有特色，用特有的烧烤方式将整只羊慢火烘烤至七成熟，皮色呈现淡赤红色，再改块处理。论部位以斤价售卖，顾客入座后围着火炭炉来煲吃，配备腐竹、马蹄、蔬菜之类的食材，让你边吃边添加。

气氛热烈，吆喝声和大口喝酒的场面大有回归乡土的即视感，不亦乐乎！据说他们是私家兄弟开档专卖羊肉，一年只卖半年，半年休息，不经营其他，非常固定的做法。真是让人又爱又恨加羡慕。

近几年汕头市也陆续开了不少羊肉火锅店，也是采用整只羊砍成几大块来进行熬煮后吊干，根据客人的需求，分块后逐斩细块配置火锅，搭配着马蹄、枸杞、红枣、蔬菜之类再进行火锅熬制，生意也不错。但是汕头人对生意敏感度强，跟风快，一窝蜂上造成挤车，让生意很容易下降，这一点是需要注意的。

清炖羊肉，是一个菜肴品种，我在标准餐室工作时就做过。师傅用整块羊腩分解为几块后飞水，用大生铁锅配箅底，投入竹蔗尾部、南姜、大蒜等食材配料，把羊腩排放入锅内，滚水注入后猛火烧沸，熬制一定时间后加入陈皮助味，再用中慢火保持着汤水不流失。羊肉去骨后，再分配在炖盅中，让清炖羊肉得到充分发挥。

羔烧羊肉

羊肉的做法有很多，诸如红炆羊肉、北葱炆羊、卤水羊腿、炒羊肉片、陈皮炖羊腩、胡椒炖羊肚等。但有一个菜肴可能被遗忘了，那就是羔烧羊肉。今天要费点精神，把这潮菜中已被忘记的做法来回顾一下。记住也罢，不记住也好，能为潮菜的记忆留一点影子，目的就达到。

羔烧羊肉

🥬 **原材料：** 羊腩肉二斤四两，肉骨一斤二两

🧂 **调配料：** 川椒、八角、桂皮、香茅、蒜仔、芫荽、葱、白肉、姜、味精、胡椒、盐、白糖、酱油、麻油、白酒、茨粉、生油（以上配料均酌量）

🍲 **具体步骤：**

①将羊腩去细毛洗净，再用开水烫一下捞起，酱油与茨粉和成浆糊涂在羊腩肉上，让其均匀着色。

②烧鼎热油，羊腩肉下油炸至金黄色捞起，沥干油后将羊肉下鼎，注入汤水，加入肉骨盖料。加入八角、桂皮、南姜、香茅、辣椒、蒜仔、芫荽、白糖、味精、酱油、酒等食材，一起炆至羊肉软烂入味后捞起。

③葱白切碎加小部分白肉剁烂，川椒粒炒热碾末，把葱泥下鼎炒香加入川椒末，热成金黄后加入调和味道，勾茨做成玻璃川椒糊。

④把炆好的羊肉再用油炸至外脆里嫩捞起改块。这时有两个上菜的方式可以选择：一是把羊肉与玻璃川椒糊一起在鼎内完成入味；二是把玻璃川椒糊淋在盛器盘内后，再把炸好的羊肉放在糊汁上面即完成。可配上糖醋腌制的吊瓜龙或菜头龙。

五香牛肉

当我想写一点牛肉丸粿条店和牛肉火锅相关的故事的，许多同龄朋友不约而同建议我写一点过去汕头市的卤五香牛肉。他们都觉得二十世纪六七十年代在马路边上摆摊的五香牛肉摊档特别有意思。

是啊，随着年龄增长，特别是进入老年阶段，闭目寻思着过去，可记忆的事太多了，这卤五香牛肉摆卖便是其中之一。小的时候，我家住福长二路二巷五号，与中山路和大华路左右相邻。大华路的一侧是汕头市星群制药厂（后改为恒星制药厂），厂旁是一片空地。此空地一到晚上，便有人在此设场讲古。他在空地上铺几张草席，让包括我在内的人群一到晚间便去听故事。每晚 8 点准时开始，故事内容有《封神榜》《三侠五义》《隋唐演义》《水浒传》和《西游记》等。

讲古佬坐在一张小茶几前，茶几上摆放着一杯水、一本书以及一块击木板，一盏煤油灯在微风下闪烁着，忽明忽暗。他捧着发黄的书，似看似不看，滔滔不绝地讲解着书中内容，时而大声呵斥或低声吟说，刀光剑影在他的口中频频飞扬戏舞，人物个个生动活泼。当故事发展到高潮的时候，讲古佬便扬起击木板在茶几轻轻击上几下，

五香牛肉

这是约定暗号，手下人便知道收钱时间到了。

那时候坐在草席上听古的人是要付钱的，一次一分钱。而站立在草席外围听古的人则不需要付钱，这时候也有一些坐在草席边沿的人趁势站了起来，想逃避付钱。

在这讲古摊不远处便有一些摆卖小摊档，如摆卖五香牛肉、竹蔗、风吹饼、煎麦粿之类，由此形成了一个小氛围。只要天气不坏，没下雨，那里便是一处挺热闹的地方。

或许是那年代肉食供给太少的原因，或许是五香牛肉太香、太诱人了，大多数人只要看到卤五香牛肉的小车子出现，便会被吸引过去。

卖五香牛肉的车子不算大，它的上半部用玻璃围起来，有防尘、防蝇的作用。夜间，在一只小马灯的照耀下，车上摆满了各式各样的五香牛肉，有牛腿包肉和五花脚筋趾肉，牛肚分有蜂巢和草肚，还有牛板筋、牛脾、牛肺等，特别诱人。五香牛肉的前端放着几个装满芝麻、南姜麸、糖醋的酱料小杯子，专门给顾客购买后现场做蘸料吃用。

也就是这几个酱料蘸杯，惹得我们这些调皮孩子特别向往。十多岁孩子，想象力也挺丰富的，我们会用一分钱买上一片牛板筋肉或是一片牛肺，然后蘸上酱料，送到嘴巴咬嚼着不吞。

其实，很多人根本没有咬嚼着五香牛肉，只是把黏着的酱料吸掉，再去蘸酱料，反复多次。次数多了，会惹得生气的摊主直瞪眼，甚至会骂几声。

哈哈哈！人性真情流露是不分年龄段的，年少时，物资缺乏，求吃的欲望是每时每刻都很强烈的，也很正常。

好朋友林镇为先生也跟我说过一件类似的故事，说他家有一位妻舅爷，过去在新兴街是有名的"混混"。为了多吃点糖，买一分钱的草粿，居然要摊主给他加糖十二次，气得摊主直跺脚。不给糖，这老兄还要把卖草粿人的碗摔掉。我想，这和我们当年那种切一分钱牛肉要蘸上几次酱料异曲同工，归根结底，都是那个年代物质匮乏所致。

几十年过去了，每当我和朋友陈芳谷、韩荣华以及众位师兄弟谈起往事，那种苦涩的生活趣事，虽然有点辛酸，却也是我们这一辈人丰富人生经历的点缀。

如今环境条件改变了，汕头市大华路星群制药厂旁的空旷地早已楼宇林立，据说讲古佬后来也加入曲艺团去了，而那辆五香牛肉小车也不知所终，那种一分钱蘸几次酱料的事也不可能再发生了。

这一次，我从烹调者的角度出发，更多的是想到五香牛肉独特的卤制方法和它诱人的风味，顿时发觉这五香牛肉是有它另一面价值的。

牛肉，汕头市过去基本都是以槌牛肉丸泡粿条为主，其他难得一说。顶多是有一味牛肉炒沙茶酱偶尔被提及。牛肉火锅也是近二十年才掀起热潮，至于五香牛肉，不知何故一直很少有人提及。

在过去大潮菜的系列范畴中，牛肉属于小众，那么五香牛肉应该是小众中的小众了。今天反观五香牛肉的属性，其做法、效果，我觉得应该是所有牛肉烹制品系列中的奢侈品，有相当于休闲零食的性质，故而一直不被作为主题提及。

闲话休说，如今唯一能留住我记忆的五香牛肉，应该是跃进路吴记五香牛肉店和韩荣华先生经常提到的汕头市"老三中"老罗的五香牛肉。

后者我未曾尝过，其味道如何，难以表述。而汕头市跃进路吴记五香牛肉店的五香牛肉，我还是比较熟悉的。

卤五香牛肉最主要的味道特点是带着潮汕卤水之味，又有药材植入之五香韵味，同时卤后牛肉既要吊干又要保湿。不可忽视的是几味酱料衬托着，特别是那款芝麻南姜麸糖醋酱料，诱惑力极强。

五香牛肉，同样是汕头的老味道。

罗氏牛肉丸

　　2016 年，汕头市颁布了牛肉丸的计量标准，该行业标准出台后，社会上反响不一。以经营者的长远眼光来看，如能执行好计量标准，那将是企业遵守法规和道德良心上的一次大提升。食品标准是食品生产企业必须遵守的行业行为准则，汕头牛肉丸的计量标准也是基于食品质量、卫生和安全而出台的。

牛肉丸

如今，牛肉丸在潮汕大地遍地开花，以外地人的视角来看潮汕，牛肉丸与卤鹅一样，几乎是潮汕的一张名片。在寄往各地的食品中，首推牛肉丸和卤鹅。牛肉丸带来的影响遍及全市每个角落，牛肉丸厂家和商铺以及牛杂摊档比比皆是，真是达到了无牛不成市的商业局面。

由计量标准而想到目前市面上的牛肉丸，我有很多话要说。我接触牛肉丸是 1973 年。当时我被分配到汕头市大华饭店厨房工作，单位安排年轻人捶牛肉丸，在罗锦章之子罗莫彬师傅的带领下，每天安排一定数量进行加工，配方由罗莫彬师傅统一配比，他人尚不得接触。我经细心观察和琢磨，终于了解到其搭配，特介绍如下。

牛肉丸

原材料： 牛腿包肉 2000 克，白肉 500 克，鱼露 50 克，生粉 100 克，鲽鱼末 50 克

调配料： 味精、盐、冰水均适量

具体步骤：

①牛腿肉去筋改小片块状，放在砧板上用铁锤用力敲打成泥浆状，过程加点盐更易起胶。

②鱼露和生粉调成粉浆后，加入牛肉泥浆中。用手搓均匀后加入鲽鱼末和白肉粒，再用手挤成丸状，放入温水中圆成形。

③用慢火把挤好的丸煮至熟透，即好。

特点

口感软弹爽滑，
香气十足

将牛腿肉敲打成泥浆状

　　我在大华饭店接触牛肉丸，至今几十年过去了，每当回想一起捶丸的罗莫彬师傅、黄中煌、蔡培龙兄弟，总有一些感触。

　　结合颁发的计量标准，我发现二十世纪六十年代汕头的牛肉丸有两个流派。他们在各自投料上的偏差，引起了业内的一些争议：是以新兴街罗锦章先生软浆牛肉丸为代表的好，还是以外马路香记陈添来先生硬浆牛肉丸为代表的好？

　　尽管这两个风格的牛肉丸各有千秋，最终有关方面还是以新兴街罗锦章先生的牛肉丸作为代表，他的软浆和加入白肉粒更适口，汕头市饮食服务公司也以新兴街罗锦章牛肉丸作为出口品牌。

　　罗锦章，普宁人，二十世纪二十年代初便来汕头经营牛肉丸，初时是挑街落巷，后来在新兴街创办牛肉店，经营牛肉丸、牛脯、牛杂和粿条、面条汤之类，生意一直不错。1956 年并入国营，成立了新兴餐室，与徐春松的炒糕粿、胡森兴师傅的西天巷蚝烙合为一店。此后，新兴街和罗锦章先生的牛肉丸一直是汕头市人怀念的地方特色美食。如今该店因年久失修而倒塌，罗家人先后离去和放弃餐饮业了，传承中断，手艺也渐渐被遗忘。

我想把过去外马路香记牛肉丸和新兴街牛肉丸做一次比较，看各位可否从中明白硬浆和软浆的各自理由，也知道计量标准的重要性。

外马路香记陈添来先生的牛肉丸之所以选择硬浆，是因为泡牛肉丸粿条时，有一个等待煮丸的过程，他认为软浆的丸不宜长时间放在汤锅内浸煮。为了方便，也为了避免顾客长时间等座，他一直把丸放在汤锅内，从这一点来看，陈添来师傅做得比较好。此外，他认为硬浆的牛肉丸更富有弹性。

新兴街罗锦章先生的牛肉丸选择软浆制作，更多是考虑口感上的享受，而且在软浆中又加入白腰肉和鲽鱼末，滑嘴而又有香气。软浆牛肉丸柔中带弹，适合多层次年龄段的人品尝，多吃一些也不觉牙酸。唯一的缺点是不宜长时间放在汤锅中浸煮。

今天的牛肉丸已经影响广东，影响全国，大家都在为汕头市牛肉丸这个招牌增光。碰巧一帮广州朋友来东海酒家寻味，我也以罗锦章先生的配方制作了软浆牛肉丸让他们品尝，获得赞誉。他们顺问此丸应叫什么呢？我说，如果按照我学习来的"方头"拥有者而言，应该叫"罗氏牛肉丸"，这是对他们的最大尊重。

方头原指中医处方，这里有独家秘方的意思。

丸类综述

几天前，习惯性地翻开微信朋友圈，发现盐鸿镇壮雄兄弟在发布鸡肉丸的信息，我也跟着人家一样嚷着说要，壮雄兄弟马上说明天一定送达。

哈哈！送来了。有朋友笑着说，过去是见者才有份，你老钟现在是点赞也有份。

鸡肉丸在市面上流行多年，我虽然偶尔试过，但还真的未细品味，这次借壮雄兄弟送来的鸡肉丸，认认真真地品尝了一下。通过上汤煮丸、肉汤煮丸、清水煮丸的三种对比，口腔上感受到此番鸡肉丸质地朴实，肉浆柔软带弹脆，尽管鸡肉上味道不怎么突出，有一些制作手段需要商榷，但总体感觉还是不错的。

壮雄兄弟利用世家经营薄壳的有利条件，合作经营了一家以薄壳宴为主的餐厅，生意红火。在薄壳季节过完后，他们不甘寂寞，用善变通的大脑想出了兼营其他出品的念头，鸡肉丸便是他们多种经营的一个手段。

据说制作鸡肉丸的走地鸡是他们自己养的，吃薄壳的碎肉长大。我到过他家的农场，看到放养的走地鸡在薄壳堆里采吃薄壳碎肉，所以我相信。我也想借鸡肉丸的烹制，谈一谈我对丸类的看法，今天所谈的丸类基本是碾泥起胶种类，与用肉剁碎烹制的丸无关。

鸡肉丸、鸭肉丸、鹅肉丸、羊肉丸、蛇肉丸、鳄鱼肉丸、猪肚丸、发菜肉丸等，是近年来涌现出来的新兴丸类品种。传统的还有牛肉丸、牛筋丸、猪肉丸、鱼丸、虾丸、墨鱼丸。

一般肉丸的味道主要体现在纤维细化，入嘴口感上柔软有弹性，肉香味浓烈。至于鱼丸、墨鱼丸、虾丸，则体现在清鲜的鱼香味上。原则上丸类加工成品后，应与原汤一同煮吃，这样才能体现原汁原味，当然适当加入辅助食材也能提升味道的均衡，增进食欲。

肉丸类的加工方式有很多，以前肉丸主要是靠手捶为主，取新鲜肉质部位，以瘦肉为主，加工过程要快速，尽量减少环境和温度干扰，以免肉质丸类变硬，失去弹性而影响质量。如今大部分人捶丸已被机械代替了，环境与温度也得到改善，因而肉质的变化较少，

鱼丸

鱼丸制作过程中手工搅拌

只是味觉上与手捶肉丸有点差异，原味上欠缺一些。

近几年来，我对牛肉丸的机械绞丸和人工手捶的味道口感有过研究对比。我认为机械绞丸解放人力，减少人工付出，是提高生产力的最佳途径，不足的是快速把肉磨成肉浆后，严重破坏肉纤维，牛肉的本味严重失去，这与人工慢速度手捶的牛肉有着不同本味的。

海鲜类的加工方式有所不同，鱼丸、墨鱼丸的加工手法，在过去主要选用新鲜的鱼，通过鱼丸刀刮肉去骨，再碾碎剁泥，取用木桶来手搓，然后挤成丸状，用温水直接慢火煮熟。

虾丸的加工方法，主要是鲜虾去壳，挑去虾线（虾肠），洗净后沥干水分，然后用刀平拍成泥，调入味精、盐、蛋清和成虾浆后挤成丸，炊熟或煮熟即好。同样，很多鱼丸、虾丸、墨鱼丸的捶打也都被机械、半机械所代替了，生产力提高了。

鹅肉丸、鸭肉丸、鸡肉丸的加工方式则得益于制丸机械设备的出现，让鸡鹅鸭肉在机械的快速碾转下，更容易把肉化浆。冰块帮助制冷降温，让肉质不容易发热，得以保持在恒温下烹制，使肉浆保持纤维不坏，但容易造成口感不够细腻。

从专业的角度去辨别所有丸类的质量，我认为柔软有度、弹牙但不脆是任何丸类的本质。脆感强烈的肉丸一定是加入不同添料的，人为的添加剂会让食品质量受到损害，所以我一直不提倡。

今天的鸡肉丸等丸类的形成有一定的历史原因和背景，它与改革开放后食材大流通有一定关系，同时多少促进了烹调品种的多样，加速了品种的变化。过去单一品种的牛肉丸受到挑战了，烹调师傅们发挥了技术特长，把牛肉丸的制作方法延伸到鹅肉丸、鸭肉丸、鸡肉丸等。

写到这里，我冥思良久，下一个丸类新品种，会不会是鸽肉丸？

鱼丸制作过程中的刀刮肉去骨

教你如何烹制鸡

看过小说《林海雪原》的人都知道智取威虎山有这样一段描述，解放军侦察英雄杨子荣用"百鸡宴"为座山雕庆祝生日，伺机擒拿匪首座山雕。

小时候，我对"百鸡宴"的理解是用一百只鸡去做菜。后来参加厨师培训，师傅罗荣元先生告诉我们，如果学习好了，技术掌握了，把鸡和食材相互搭配，一只鸡在你们的积极发挥下，定能演绎出一百味的鸡宴。天啊！罗荣元师傅这么一说，竟然和小时候看到的《林海雪原》中的"百鸡宴"一致。

东西南北中，"无鸡不成宴"已经是不变的定律。特别是在广东，鸡在宴席中的地位更是不可挑战。一系列的菜谱告诉你，鸡在烹调中的地位和重要性。

广州市占据大粤菜的中心地位，广府菜各家酒楼食肆在烹制鸡上有出色的技术表现，各类用鸡做的菜肴也堪称经典。而被一直惦记着的首推白切鸡，它至今仍是酒楼食肆必有的品种之一。

在回顾鸡在各时段的烹制上，最不能被忘却的是二十世纪六十年代，广州市评选出各酒楼的十大名鸡，由此让我们见到烹制鸡的技术和菜品的魅力。

烹制十大名鸡的酒楼食肆有：广州华侨大厦的美味熏香鸡，南园酒家的普宁豆酱焗鸡，大同酒家的脆皮鸡，东江饭店的东江盐焗鸡，广州酒家的文昌鸡、茅台鸡，大三元酒家的茶香鸡、豉油鸡、金华玉树鸡、太爷鸡。

大家看看，鸡这类食材在大粤菜饮食江湖上被发挥得淋漓尽致，这也是鸡族史上的光荣呀！

冷静分析，广州市酒楼评选出的十大名鸡中，潮菜系中的菜肴竟然占了两个席位。一味是华侨大厦朱彪初师傅送评的美味熏香鸡，一味是南园酒家蔡福强师傅送评的"普宁豆酱焗鸡"。由此足见当年鸡在潮菜中的重要性。

其实，潮菜中鸡的烹调方法还有很多值得传颂的，只是一些名菜在历史长河中渐行渐远，被遗忘了。如果能罗列出其中一些菜名来，精心烹制，我认为也不乏精品。

结玉焖鸡、酿百花彩鸡、炸芙蓉鸡、炸八块鸡、糯米香香鸡、炖石榴鸡、玻璃酥鸡、雪耳荷包鸡、川椒鸡球、炸童子鸡、莲花荷包鸡、炸翅中翅、黄金鸡卷、七指毛桃鸡、栗子炆鸡、柠檬炆鸡、金华玉树鸡、鲜奶炖鸡、冻金钟鸡、梅子炆滑鸡。以上菜肴都是专业厨师的看家本领，如若想要学得，学费是不能省的。

事实上，烹制鸡的菜肴系列，专业厨师在食材搭配上是灵活多变的，他们会在炆鸡的基础上做出主食材和辅食材相替变化。例如栗子炆鸡，换上菱角就叫"菱角炆鸡"，换上冬笋便叫"冬笋炆鸡"，和莲子一起则是"莲子炆鸡"。如果将鸡肉取出，切成片与菜心一起炒叫"菜胆炒鸡球"，与菜叶一起炒叫"菜远鸡球"，让你叫绝。

菜远指菜心等蔬菜最脆嫩的部分。

　　潮汕民间的家庭，一些烹调鸡肉的菜肴也有许多地方可以借鉴与学习，如稚姜炒鸡块、砂锅煮鸡粥、枸杞淮山熬鸡汤、鲜香菇炒鸡片，好吃又好味。

　　鸡在各地方的烹饪上也有着精彩表现。杭州有一味霸王汤，用的是一只老公鸡和一条牛鞭，再调上黄酒熬至汤色浓郁，霸气十足。四川和重庆的辣子鸡，江苏常熟的叫花鸡，云南的田七汽锅鸡，真是鸡鸡叫响。

　　今天我特别想到了一个失传的品种"莲花荷包鸡"，想来重现一下，尽管今后可能也不会出现，但我觉得还是有必要把它记录下来。

莲花荷包鸡

莲花荷包鸡

原材料： 光鸡 1 只约 600 克，鸡蛋 2 个，面粉 600 克，西红柿 2 个，湿香菇 2 个，葱 2 根，番茄酱 200 克

调配料： 味精、胡椒粉、白糖、麻油、生油、芡粉、清水均适量

具体步骤：

①光鸡洗净去骨取出鸡肉，用刀把鸡肉平片，用纵横直切刀法把鸡肉放花，根据鸡肉的纹路切成雁只块。西红柿、香菇、葱切成块状一同候用。

②取面粉分成三份，两份用冷水和成面团，一份用滚水冲成熟面团，同样用擀面擀成圆形面皮。冷水面皮分两份，一份留用，一份用刀对角切成六角形。

③取大碗公一只，碗底抹油，把一份切六角形的生面放在碗底，再把熟面放在平鼎上煎至金黄，切六角形，再复叠放在生面上，候用。

④烧鼎热油，鸡肉用湿粉水拌匀后溜过油，沥干，倒去油后投入鸡蛋炒熟，再投入西红柿、香菇、葱段一起炒熟，随之调入番茄汁、白糖、酱油、味精、胡椒粉等调味品。收紧汤汁后盛入铺好的面皮大碗公中，再用另一张生面皮覆盖在上面，用手将面皮沿着碗边卷成花纹，收紧碗口即好。

⑤把装好馅料的大碗公放入蒸笼炊 5 分钟后取出，用半深浅的圆盘相扣反转，将切断的面皮逐一揭开，形成一朵莲花状，即好。

特点

形似神似，鸡肉嫩滑，番茄汁酸甜得当，消食开胃

唉，费笔墨、费心思论述一只鸡和一个菜品，其关联性、同属性有太多可以了解和探索。我一直忘不了，至于值不值得就别管了，要不传承怎么办呢？

教你如何做鸭

　　这文章名字听起来有点怪怪的，人们习惯性的思维会让很多事产生误会。"做鸭"形容在当今社会中的一些男人，不想做事只喜欢依赖富婆专吃软饭，有贬低其行为可耻的意思。而我所说的做鸭，却是厨房的活儿，勿误会。

　　揭阳市桐坑乡的村民把白斩鸭、炒粿条做得很出名，他们走出乡村，到城市去，让很多人记住了白斩鸭、炒粿条，由此也记住了桐坑乡。我曾经说过，潮汕卤水有三种：卤鹅的是糖色香卤水，卤猪肉的是酱油香卤水，卤鸭是原色的白卤水。而日常我们所吃的白斩鸭的卤水就是原色白卤水。

　　揭阳市桐坑乡的白斩鸭在处理上都是采用浸卤方式，它有一种让你感到既含汁又不带腥味的气息。从某种意义上，它与南京盐水鸭有同烹饪同味道之套路模式，入嘴之后，肉香窜鼻。

　　既然论做鸭，那就必须说说做鸭的感悟，特别是潮菜中的品种。细想下，潮菜菜肴品种中单纯对鸭的烹调就有许多种，如今列举一些品种，目的是想让人的味觉产生兴奋。

　　腐皮酥鸭、糯米香酥鸭、五香炆鸭、稚姜炆鸭、素菜荷包鸭、柠檬炖鸭、冬瓜熬鸭、荔茸香酥鸭、鲜笋炆鸭。至于挂炉鸭、片皮鸭、烤鸭，在潮菜中比较少出现。而用药材去炖鸭，也有一定数量，如冬虫夏草炖鸭等，在这里就不列举了。

今天就鸭的烹调，举一例比较有传统烹调性质的来描述——潮菜中的"素菜荷包鸭"。做菜的时候，但凡出现"荷包"二字的品种，都是以整只包装其他馅料为型。也就是说，一种食材整只脱骨后装上其他食材再扎紧，或者用主食材包上其他副食材后扎紧的，都会被称为"荷包"。诸如"雪耳荷包鸡""荷包鳝鱼""荷包水鱼"等。闲话休说，先列一下操作过程吧。

素菜荷包鸭

原材料： 未开膛光鸭一只，瘦肉 500 克，发菜 15 克，湿香菇 25 克，针菜 15 克，腐竹 15 克，黑木耳 15 克，干草菇 10 克，白菜 500 克

调配料： 味精、胡椒粉、盐、麻油、酱油、芡粉、上汤、生油各适量

具体步骤：

①将未开膛的光鸭，用小刀以脱衣方式脱去内骨及内脏。过程是从颈部开小口后顺势往下拉至两肩，用小刀挑断筋肉让其断离后，再往下拉至背上。此时是最需小心的时候，因肉与骨贴得最紧。在处理后将整鸭壳脱离，反转大腿骨，用小刀切掉，形成"荷包"形体，洗净候用。

②所有食材切丝，用鼎把切丝的食材炒熟加入上汤炆软，调入味料收紧水分，作为馅料候用。

素菜荷包鸭

③将鸭开口处向上，用一点干生粉在鸭内抹匀，再把炒好的素菜装入鸭身内，不宜过饱，再用竹签将口封紧，然后用滚水烫一下，让外皮收紧，用酱油与薯粉调和成色浆，抹在鸭身上着色。

④烧鼎热油，待油温偏高后，下油鼎炸至起色后捞起。取大砂锅一只，垫上算底，把炸好的鸭身放入砂锅内，倒入上汤，加入瘦肉等盖料，盖上锅盖，置于炉上慢火煨炖至软烂滑黏，即好。

特点

肉味香浓，素食表现强烈，荤中带素，肉食与素食兼顾

以个人的认知观点，鸭大致可以分为三种：土鸭、半菜鸭（绿头）和大白鸭。用来做菜，若论口味论口感，我认为土鸭最好，虽然个头瘦小但气味足，用在清炖、酱香焗是上品，做素菜荷包鸭最为适宜。其次是半菜鸭，肉身厚实，用在卤制与斩块和其他食材相配，炒炆制也合适。大白鸭用在挂炉烧烤最佳，原因是肥身容易让鸭皮产生香脆，所以市场的需求量很大。

这样的鸭，你想做吗？

炸云南鸭

曾经有许多潮菜名师为名菜肴"炸云南鸭"寻找依据，却始终没有结果，由此留下悬念。

有一说法是，潮菜厨师采用云南的鸭子来烹制成广东菜肴，故取名"云南鸭"。想想或许有点牵强。

汕头市原标准餐室老服务生杨壁元先生曾经说过，这一味菜肴应该叫"炸糊淋鸭"，潮汕话可能是和云南鸭谐音，故而被写错了。

他说道，这应该和过去楼面服务生的文化水平较低有关，把"糊淋鸭"写成"云南鸭"，后又被厨师们认可了，久而久之便形成今天约定俗成的叫法。我认为这是完全有可能的。我们可以列举一些事例，来佐证杨壁元先生的说法。

比如2001年我们在深圳办酒楼的时候，楼面服务员柯碧珠在菜单上把"炒薄壳"写成"炒手枪"。因"驳壳（枪）"和"薄壳"在潮汕话的发音相同。这也是只有潮汕人才能理解的例子。

下面，我们来分析理解整个炸云南鸭（糊淋鸭）菜品的做法，或许大家可更仔细地推敲。

炸云南鸭在最终定型出品时，有一个糊汁（芡汁）是垫在盘底

炸云南鸭

而不是淋在酥鸭身上的，这与"糊淋鸭"有点相左。因而厨师们产生了疑问，很多老师傅也摸不着头脑。

　　我曾经与一群师兄弟们探讨过，大家都认为，或许原来糊汁是淋在上面的，由于淋上后观感不太好而改为垫底。这样既不影响出品的美观，又不影响它的味道。这也可能是唯一解释得通的理由吧。

　　无独有偶，"羔烧羊肉"本应叫"炯烧羔羊"，后因音误而叫"羔烧羊肉"。它同样是加入配料进行红炆，熟烂后再取出骨头，拍上生粉后再放入油锅酥炸，出品时也是川椒糊汁淋在盘底上。

　　这两道菜的烹制方法基本相同，你觉得是先有"炸云南鸭"，还是先有"羔烧羊肉"呢？

　　还有，如何命名更合适呢？

我认为既然糊汁已垫底了，叫"炸糊淋鸭"更贴近。然而"炸云南鸭"的叫法和写法，已经深入厨房和楼面去了，既然约定，还是不改吧。最后附上这只"炸云南鸭"的具体操作步骤。由后人去解读，或许更完美。

炸云南鸭

原材料： 光鸭1只750克，粗猪骨600克，生姜25克，南姜25克，青蒜2条，红辣椒2粒，青葱2根，芫荽2株，八角10克，桂皮10克，川椒10克

调配料： 味精、酱油、白糖、白酒、麻油、干薯粉、湿粉水、生油均适量

具体步骤：

①光鸭洗净，在背上开一口，再用干薯粉和豉油调成色浆，涂抹在光鸭身上，待用。

②烧鼎热油，把涂好色的光鸭放入油中炸至金黄色后捞起，放入锅内。随之加入粗猪骨，依次把生姜、青蒜、南姜、红辣椒、八角、川椒、芫荽放入，注入汤水，用大火烧开后转慢火煨炖至熟烂，取出放凉，候用。

③青葱切细后与川椒末一起爆香，取原汁调成糊汁，淋在盘上。

④把熟烂的鸭身上的大骨取出，鸭身拍上干粉，放入热油中炸至酥脆，捞起后切块，放入装有川椒糊汁的盘子，即好。

特点

口感酥脆，浓香入味

居平鸭粥

那一年，大林苑创办者林自然先生逝世了，后又接到居平鸭粥创办者林益和先生走了的信息，心里感伤，皆因都是饮食人的缘故。

认识林益和先生时，我在国营饮食单位，他在合作饮食单位，同属饮食服务公司。那个年代，在国营饮食单位工作有着骄傲的成分，不管生意好坏，工资照发。而在合作饮食单位就难免会出现工资欠发的现象，但是他们的自由空间比较大。所以当改革开放的春风降临时，林益和先生随即离开合作饮食单位，单飞了。

单飞后，他选择了卖芳糜（香粥），这是汕头人喜欢消夜的一种吃法，简单有料。地点选择在当年最繁华的老城区居平路和安平路交界处，即老天华百货公司门店对面。

任何一种生意都非常辛苦，初创业时，他起早贪黑，勤勤恳恳，任劳任怨，摸索出生意上的时间段，最终发现夜市是经营这种芳糜的最佳时间。于是他选择在晚上七八点后才开始摆卖，一系列的鸭粥、鳝鱼粥、田鸡粥、鳗鱼粥等，直至天快亮才收摊。

有四十年的时间了，林益和先生的"芳糜"稳稳地站住了，成为人们消夜的好去处，特别是那一碗带辣的"鸭粥"，令人垂涎。由此，很多人不知道店主的名字，却知道老市区有一家居平鸭粥。

居平路的鸭粥好吃，吃过的人都说不错，而我只是笑笑，因未曾去吃过，难以置评。因我也会烹制鸭粥，于是想把它写出来，让大家领会一种风味。

居平鸭粥

原材料： 光土鸭 1 只约 600 克，蒜头 25 克，嫩姜 25 克，红辣椒 15 克，酱油 25 克，本地辣椒酱 50 克，猪杂骨 500 克，青葱 25 克，芫荽 25 克

调配料： 味精 5 克，白糖 5 克，盐 8 克，麻油 5 克，生油 5 克，水 200 克，煮粥大米 250 克

具体步骤：

①光鸭洗净擦干水分，斩成细块，蒜头、嫩姜、生辣椒剁小粒后热香，至金黄色后倒入辣椒酱煎至起味，把鸭肉倒入鼎中翻炒，边炒边加入酱油、白糖、盐等调料。

②鼎气饱满后再注入汤水，把猪杂肉骨放入一起炆，慢火炆二十分钟后，带有嚼劲的鸭肉便好了。特别要注意，炆好的鸭肉要含有一定量的汤汁，以便泡粥之用。

③大米洗净后放入锅中用水煮，当米粒熟了又不开花时，便用饭漏捞起飞冷水，让饭米粒有口感而不粘连。

④吃鸭粥，先将饭米粒用滚水烫热，放入碗中，再把含汁的鸭肉按量加入，然后灌上部分粥浆水，撒上葱花、芫荽点缀，一碗带有辣椒油的，香气飘溢的鸭粥便好了。

居平鸭粥

　　当我把鸭粥的烹制过程叙述完，顿觉心中难以平静。一个平民式的摊档经营者林益和先生一心一意把粥品烹得声色俱佳，让很多人记住了，实属难能可贵。如今"居平鸭粥"的原址不见了，为了城市的改造，他们让路了。此后林益和先生的儿子把店搬到中山路，因种种原因也歇业了。

　　我只能通过这篇文章，把鸭粥的味道留下来。

三仙炖品

　　几个好友相聚，品头论足闲话人间事，席间上了一个花胶炖汤，便有人问及传统菜肴"三仙炖品"，话题便转至过去的三仙炖品如何高档美味。我顺口提及在过去的烹艺期间，要做一个比较好的三仙炖品菜肴，除了必须有的上汤之外，还要有好的原材料，如花胶、海参、鸽蛋和鸡腰等。

　　我曾经跟过几个师傅从事烹菜，他们在出品上都有过"焖三仙"和"炖三仙"。我对"三仙"二字有过迷惑，问柯裕镇师傅何为"三仙"品种。柯裕镇师傅不紧不慢如此答道："如若人成仙了可好也，仙过的日子是舒服的，如果把菜做得有如仙一样好，那岂不是舒服而好也。"解释比较牵强，一时间我也是懵懵懂懂，难得其解，至今不明。

　　蔡和若师傅曾经说过，其实"焖炖三仙品"有大"三仙"和小"三仙"之分。比较好的焖炖"三仙"菜品，厨师在选材上会用上鳖公花胶、鲍鱼、海参、鸽蛋、鸡腰或脱骨鹅掌等，加入此等料头为大三仙炖品。一般的焖炖"三仙"菜品，厨师则会选用猪脚筋、猪肚、普通花胶等，称为小三仙炖品。

　　他用佛跳墙的烹制原理告诉我，原始的佛跳墙也是众多剩菜集合而成，并未统一配比（至今仍未有统一配比），经后来烹煮者逐步调整，形成档次不一的品味。

　　今天谈论三仙炖品时提到过鸡腰，可谈一下。鸡腰，潮汕人简称叫"鸡核"。而说到鸡核，让我突然想起"割核老"赵广林先生，可能有的朋友听后会一头雾水。

　　过去在汕头市的烹厨者，如若要烹制三仙炖品，便会到公园头找"割核老"赵广林先生买一些鸡核来配菜，因他每天都会把一些阉割后的鸡核带回来。

　　过去有一行当叫阉割术，它定义在于对牲畜的节育上，譬如公猪、公鸡在生理发育过程中不需要它们为后代担当责任，就通过人工处理，让他们无生育能力，这便是阉割术。

焖三仙鸽蛋

鸡核，应算鸡身上的器官之一，用在菜谱上，统称为"鸡腰子"。营养价值高，属高蛋白和高脂肪的食材，烹制成菜肴香气足，雄激素也高，深受一部分人喜欢。

赵广林先生在世时是汕头家喻户晓的知名人士，过去骑着单车，戴上竹笠，挨街落巷帮人家阉猪割鸡，赚取费用。可能是收费多一些吧，大家也把他称呼为"割核老"。

在汕头市生活的人，大都会把收费太贵的人和事，用"割核"一词来顶替。如某某商店卖商品太贵，便会说某某商店太割核了。某某人过苛刻也会用此来形容。

我是认识赵广林先生的，小时候也见过他阉鸡的手法。他捉住鸡翅后蹲在地上，用脚踩着鸡脚后横放在地上，麻利而迅速地在大腿旁切口，再用小弹弓撑开，取出鸡核，再缝上伤口，贴上少许的止血药便好。这时候公鸡纵有委屈，也只能屈服，这是主人请来的。

其实赵广林先生除了有这一套谋生本领之外，也喜欢舞弄一些潮式民族乐器，闲时经常在家中邀得音乐爱好者共同和弦自娱自乐。特别是夏季，经常在公园头的家门口上摆阵，声声乐曲悠扬，让很多人驻足欣赏，一时传为佳话。

很多年过去了，只有上了年纪的人才记得赵广林先生，今随趣忆之。

天下第一汤

　　1994 年，香港人王德义先生带领一帮港厨在汕头市新世纪大厦
二、三楼创办了汕头市金岛燕窝潮州大酒楼。在一系列潮菜的出品中，
有两款菜肴特别引人注目。一款是金华火腿炖翅，一款是鸽子吞燕。
酒楼引来很多汕头人光临，大家品尝后赞不绝口。

鸽子吞燕

香港金岛燕窝潮州大酒楼原址设在香港九龙河内道，创办于1978年，当年是香港比较高档的潮州菜酒楼。其本意是要在酒楼出品系列燕窝，因为大股东之一的黄子明先生在泰国经营燕窝生意，掌握着食材渠道的优先条件。他们的燕窝系列菜肴做得非常好，除了"鸽子吞燕"，还出品了酿竹荪燕窝、火腿燕窝球、炒芙蓉燕窝、鸡茸燕窝等，从此引领了香港酒楼燕窝的出品。

改革开放后，香港金岛燕窝的港式潮菜进入内地市场，一些出品受到关注，内地的一些酒家餐厅相继模仿出品。由此，我也想把"鸽子吞燕"这味燕窝炖汤的方法做一点介绍。

鸽子吞燕

原材料：未开膛的光鸽 1 只，发好的燕盏 50 克，用原鸽骨加赤肉、老鸡炖好的上汤 200 克，芹菜 5 克

调配料：味精、精盐各少许

具体步骤：

①未开膛的光鸽鸽头向上，用剪刀在颈上开一小口后拉开脖子剪断后，顺势向下拉。特别要注意两肩骨的筋肉，与背部的骨肉分离，以免破口，脱整鸽的过程需要 5 至 10 分钟。

②把发好的燕窝装入脱骨好的鸽子腔内，注意勿过量，然后用竹签把脱口封紧，飞水捞起后用冷水清洗皮膜及细毛，用清水炖 10 分钟后捞起。

③放入有盖的炖盅后注入上汤，调好味道，盖上盅盖，再覆盖食品丝纸贴紧，放入蒸笼隔水炖约 40 分钟，即好。上席时配上芹菜粒。

　　此汤水极清，少许油花漂溢在汤上。当饱满的鸽子被刀叉开膛破肚时，软绵绵的燕窝会从胸腔流出来，一入嘴，那种清甘舒服感油然而生，美滋滋的。于是，这味"鸽子吞燕"炖汤被一些美食家称为"天下第一汤"。

　　我认为它绝对是香港金岛燕窝潮州酒楼的原创，也一直在揣测"鸽子吞燕"这一味如此美味的炖汤，是否和当年潮菜名师罗荣元师傅传授给我们的"雪耳荷包鸡"有着异曲同工之妙。

　　记得二十世纪七十年代末，政策逐步放开，汕头市各行各业都在恢复经济生产，出现了热火朝天的局面。餐饮业，在政策的支持下，食材逐年放开，市场上也丰富起来，一些从事酒楼餐饮的厨师有了发挥空间。

　　汕头市饮食服务公司也借此机会举行了多次厨艺技术练兵，随之而来的是举行一系列的技术考核。潮菜名师罗荣元师傅等考官选择了几道菜肴，让大家复习和参加考试，其中便有"雪耳荷包鸡"。

　　当年考核的地点设在汕头市外马饭店二楼。汕头市饮食服务公司的几十位厨师跃跃欲试，希望通过考核，获得级别称号。

　　我是当年参加考试的厨师之一，犹记得那次考核，场面肃静无声，偶尔的碰撞声是刀具在停放时发出的，偶尔也会听到悄悄的骂娘声。

　　这种声音一定是在拆取荷包鸡时外皮被刀划破了才发出的，因为外皮被划破了是要扣分的。

　　那场考核后，"雪耳荷包鸡"一直留在我的记忆中。罗荣元师傅说，用"雪耳荷包鸡"作为考题，主要是考虑到刀工技术，如果不受食材限制，"雪耳荷包鸡"可以换成燕窝荷包鸡。

　　"雪耳荷包鸡"经过蒸汽隔水静止炖之后，汤清味甘，雪耳软滑，大家感到惊奇，纷纷赞不绝口。

今天，我们在潮菜的共性和关联性上把"雪耳荷包鸡"和"鸽子吞燕"联系起来，想想挺有趣。

Chapter 4
第四章

"鱼"的 N 种吃法

苦初鱼酱

    小苦初鱼仔用盐和酒腌制了一段时间后便称为"鱼鲑"（糜烂的意思），也有人写成"鱼膏"。这都是潮汕不同的口音叫法，依照文字写法，先统一写成"鲑"字吧。

    "虾苗鲑、猴尔（细鱿鱼仔）鲑、鲫鱼鲑和苦初鱼鲑"，这些存在，我认为都应该属于潮汕地区的古早味。是什么人把这种物料腌制成这样的咸味呢？为什么要做？此类食物真的对人体有好处吗？至少我是找不出答案的。

    "物以稀为贵，贵而珍"，最近美食家陈占伟先生送来了一罐苦初鱼酱（鲑），说是快绝迹了，现存潮南"龙记"商铺才有此物，故而显得特别珍贵。

    这一罐苦初鱼鲑，放在桌面上已经有好几天了，我坐在旁边，时不时看着圆罐里的它。"苦初鱼鲑"又为何欲绝迹了呢？主要的原因是溪、沟、河流都受到污染了，源头上赖以生存的苦初鱼少了，能看到的几条游鱼仔够不上腌制的量。其次是人的生活质量也改变了，太咸的物质，难以让人在饮食上接受，便逐渐被遗忘、淘汰了。

    近几年，随着玩美食的人逐渐增多，美食质量逐渐提升，品类

苦初鱼

也丰富多样了，一些原来被遗忘的边缘食材和被遗弃的奇缺物质，重新被拾起，且作为古早味被推至大家眼前，让记忆重现。今天的"苦初鱼鲑"重现可能源于此。

　　几年前，潮阳朋友连先生送给我两罐"虾苗鲑"，说炒菜、炒饭奇香。那一次我叫厨房的师傅炒了一碟饭，可能量放大了，香是未闻到，咸倒是先尝了。此后也不怎么注意，便也就忘了。两年前，专做海鲜生意的饶平人邹楚平先生送来了两罐"猴尔鲑"（鱿鱼仔酱），说是渔民们自家腌制的物质，由于太咸，也都被束之高阁了。这一次，陈占伟先生送的"苦初鱼鲑"，又勾起我对此类物质的一些记忆。

按照本人的理解，"虾苗鲑"和"猴尔鲑"是海鲜腌制品，"鲫鱼鲑"和"苦初鱼鲑"应算是河鲜腌制品。这两款腌制物都特别咸，咸到有点苦，初试者都是难以接受的。

腌制"虾苗鲑"和"猴尔鲑"在大潮汕沿海一带都有，甚至连珠三角沿海都有，只是腌制法上不尽相同而已。

据介绍，虾苗和猴尔刚从海上捞起来后，在船上直接用粗盐腌了，因怕被其他水质渗透、浸泡，影响质量。海丰和陆丰人则是把虾苗或猴尔捞起来后晒太阳，晒掉一部分水分，然后选择粗盐腌渍后装入大缸，让其酵化。

"虾苗鲑"通过腌制和一段时间的窖藏酵化，再通过人工加工便成了虾酱。目前最大的虾酱牌子是香港李锦记的幼滑虾酱。澳门也有一家老牌"广兴隆"生产作坊，其生产的虾酱也非常幼滑，很受欢迎，有朋友专门从澳门购来送我。

按目前来看，这些虾酱在餐饮上主要用于炒菜和酱碟蘸料。炒菜有虾酱炒空心菜、虾酱炒粉豆；作为蘸料酱碟，主要搭配白灼响螺和白灼象鼻蚌之类。以上是本人对虾苗鲑和猴尔鲑的简单认识。

潮汕有一句流行语"有钱那哥，没钱苦初"，我印象极为深刻。这两种鱼，都是鱼鲜味极强，十分诱人。有钱人想吃有鱼鲜味的鱼自然会选择那哥鱼，而没钱人则只能选择溪沟里的苦初鱼仔了。

苦初鱼仔的鲜味究竟有多浓重，我还真未尝试过。但是那哥鱼的鱼鲜是极浓重的，过去制作鱼丸的师傅都强调，打鱼丸的鱼肉一定要加入一些那哥鱼肉，鱼丸才有鱼的鲜味，才好吃。苦初鱼仔能

苦初鱼酱

和那哥鱼相提并论，说明它的鱼鲜味也极强。

　　生长于溪渠坑沟上的苦初鱼仔，头大身修长，全身瘦条没肉，可能是没肉而胆肠又大的原因，让人吃后感到微苦，故被称为苦初鱼吧。苦初鱼在潮菜体系中，除了腌制成苦初鱼鲑之外，偶尔在餐桌上也出现过，特别是在乡村食档上。它们的做法普通简单，一部分炸后湿一点豉油和香豉，而更多则是酥炸后加入椒盐粉，酥脆甘香，比较受欢迎。至于腌制成的鱼鲑，价值和取向难以估出，只能暂于此。

　　在苦初鱼鲑的诱发下，我联想到二十世纪六十年代中期，母亲也曾经腌制过另一种鱼鲑（鲫鱼鲑）。我在旁边观察过，只是印象模糊。

腌制苦初鱼鮭具体步骤：

①刚取回来的鲫鱼不能用自来水洗，最好是活蹦乱跳的那一种，开膛后，用布把鱼擦干水分。

②用来腌制的海盐要炒热至烫手，然后装罐时是一层盐一层鲫鱼，同时要注入度数比较高的米酒，最后在罐的上面铺上更多的粗盐，密封罐口。

③放一段时间后，还要拿到屋顶上让其日晒雨淋一段时间，达到物理酵化便好，一般都要腌制几年以上。

　　在当年，我有一点不明白腌制此物有何用途，经询问母亲，才知道是要送去泰国给我的母姨。母亲的原话是这样说的："母姨去到泰国后，水土不服，肠胃风和肠胃气不顺，而这种鲫鱼鮭能够祛风和胃，特别是对水土不服造成的肠胃风和肠胃气更加有效果。"

　　几年后，母亲把自己腌制的这罐鲫鱼鮭托家乡人带往泰国去了。这种腌制属于民间土方法，早年间还是挺流行的。我家母婶几十年前腌制过"鲎汁"，也是用此类方法，都是对胃气胃风有效果。虽然我未曾尝试过。然而在民间，偏方还真的有一定疗效。如陈皮、老香橼、陈年橄榄糁、老菜脯等，在消风、消积、和胃、理气方面有效果且无任何副作用，因而民间才有大量腌制和储存此类物质的习惯。

　　苦初鱼鮭，既然存在，那就一定有它存在的理由，喜欢者，善待之；不喜欢者，也别难为之，毕竟它只是小角色。

冬至鱼生

上段时间，潮州市官塘镇的鱼生有点抢风头的感觉。事实上，官塘鱼生在很久很久以前就有了，只不过有一段时间被禁止了，担心吃后会生寄生虫。

随着"刺身"料理的涌入，鱼生经过一段时间的沉寂，如今又兴起了。最近很多朋友都跑到潮州市官塘镇去品尝鱼生，当被问及感觉如何，很多人却又难以说得清楚。这也难怪，他们毕竟只是普通食客。想知道潮州鱼生的一些饮食事，还得从我理解的角度来详细论述。

鱼生一直未被记入潮菜菜谱之中，但却存在于潮菜的大范围内。潮汕地区一早就有生吃的习惯，过去在潮州府城，就有经营鱼生档，专门做鱼生系列的餐饮。

我在鮀岛宾馆工作期间，潮菜名师柯裕镇师傅曾亲自做过鱼生给我们看。他说过去鱼生档烹制鱼生的过程，首先是选鱼、放血、开膛、刮肚、去鳞处理，随之是起肉和去骨，在挑去筋带和血腩肉后，吊起风干。风干后用鱼生刀快速切薄片，随之逐片放在竹箅上。最后是搭配各种辅助调料和酱碟蘸料。

鱼生与佐料、酱料碟

　　他认为，潮汕地区烹制鱼生的鱼，大部分是池塘里的草鱼（鲩鱼），做鱼生的草鱼必定要选择沙池养的，不能是土泥池养的，因土泥池养的草鱼有着浓浓的臭土味。吃鱼生的时间最好是入秋后转冬季，与草鱼一般收获的季节同步，此时的鱼肉最肥美。过去有"冬至鱼生夏至狗"的说法，就证明了吃鱼生的季节要求。

　　吃鱼生的关键还是佐料与酱料碟，潮汕地区的鱼生佐料主要有生萝卜丝、生稚姜丝、淡味菜脯丝、生杨桃丝。酱料碟里有酱油芥末、豆酱泥油、辣椒酸醋等。

　　事实上，潮汕人吃鱼生追求原味上的鲜甜，活活的草鱼通过刀功处理后，又有轻微风干，多少带着弹性，又增强嚼劲，在综合后会刺激味蕾感官，让其鲜味无限发挥，大有原始人类茹毛饮血的兴奋点。

潮州人的鱼生档也并不是单纯卖鱼生。过去潮州府城鱼生档是综合买卖的，能把鱼生延伸到许多品种上，比如把鱼肉切得薄薄成片，加入芹菜、南姜麸，泡上少许泡饭，灌入上汤，烹制成一碗"滚汤鱼生粥"。而鱼的其他部位也被充分开发成不同的产品：鱼头可做鱼头羹；鱼腹可做成豆酱姜煮草鱼腹；鱼皮可通过腌制做成脆浆草鱼皮；鱼肠可做鱼肠白菜煲。整条草鱼都能充分利用。在这里，我重点介绍这几味鱼生及其他相关的做法。

美味鱼头羹

原材料： 草鱼头 2～3 个，上汤 500 克，嫩姜 1 块，鸡蛋 1 个，火腿 1 小块，芫荽 1 小碟

调配料： 味精、胡椒粉、粉水均适量，猪油少许

具体步骤：

①草鱼头去鳃洗净放入蒸笼蒸熟，取出候凉后去骨去鱼眼，留下鱼头皮、唇肉。

②嫩姜切幼丝，火腿切幼丝，鸡蛋煎成蛋薄切丝。

③取锅洗净注入上汤（上汤要沥清汤渣），火候宜中火至沸点转慢火，先用粉水调和成糊状，再投入鱼头皮、唇肉，随后逐样投入姜丝、火腿丝、蛋丝，调好味道即好。

鱼头唇肉，入口顺嘴，鲜姜味穿透鱼头皮、唇肉，吃后必定再思量。要特别注意的是，鱼骨一定去清。

滚汤鱼生粥

原材料： 鱼生肉 200 克，熟泡饭 100 克，葱珠脁 10 克，芹菜粒 5 克，茼蒿菜 50 克，清上汤 1000 克

调配料： 南姜末、鱼露、味精、胡椒粉均适量，滚汤一大碗

具体步骤：

①先将鱼生肉切薄片放入碗底，加入调味鱼露、味精、南姜末。

②把上汤煮滚沸，再往碗底冲入，鱼生片浸熟，留存三分之二的上汤候用。

③把泡饭用滚水烫热后放在鱼片上，加上葱珠脁和芹菜粒、几叶茼蒿菜，把剩余的上汤灌入，同时把鱼片轻轻翻到上面，即成。

特点
汤清鱼鲜

滚烫鱼生粥

豆酱姜煮草鱼腹

豆酱姜煮草鱼腹

🥗**原材料：** 草鱼腹 400 克，豆酱姜 100 克

🧂**调配料：** 味精、酱油、生油、芫荽均适量

🍲**具体步骤：**

①鱼腹洗净，用刀顺鱼肋骨缝切小条块，将豆酱姜改片切小条状。

②取鼎中火烧热，下少许生油，把鱼腹肉煎至金黄，投入豆酱姜，注入清水煮开，下味精、酱油，收汤，放上芫荽即好（注意汤汁不宜过少，酱油有调色的作用）。鱼腹是鱼身上最活跃的一部分，加上部分脂肪渗透，煮出后产生的香味特别诱人。

韩江翘嘴绿

　　由汕樟路至莲下桥旁边左转，弯弯曲曲的道路，时而穿巷而过，时而田园近身，泥土路面不平，车辆颠簸地顺着江边行驶，终于到达一处用竹木围起来的厝屋中。这就是澄海人养鹅大王"阿泵"兄的产、种、养自家场园。由于靠近韩江边，遂自放一张捕捞网，闲时捞些鱼仔、虾仔补充餐吃之用，虽无大获取，但不失为偷闲自乐的风景。

　　有一天澄海人"哈罗"先生告诉李楠先生说，昨晚"鹅王阿泵"牵罾拉网捞到一条翘嘴绿鱼（学名：翘嘴鲌）约十六斤，甚是高兴，一大早致电邀几位朋友一同品尝。我和李楠、陈国光先生等便同"哈罗"先生一同前往。

　　平时见到的翘嘴绿鱼大约都是一至三斤，不觉稀奇，但这一次居然是十六斤多，实属稀罕。午宴是丰盛的，"鹅王阿泵"非常热情，除了将翘嘴绿鱼做成三味之外，澄海卤鹅、新鲜苦刺心肉碎汤、焖鲜笋肉粒饭、走地鸡及家种蔬菜，让你惊喜，一桌纯正农家宴席。

　　野生的翘嘴绿鱼是非常美味的，尾部炊梅汁，鱼头红烧，味鲜无可挑剔。最鲜甜的是鱼的中部做成潮式鱼饭，连着鱼腹炊熟后让

刚捕获上来的翘嘴绿

其自然晾干的气息，蘸点酱油或豆酱即刻鲜味突显，是其他任何鱼都无法比拟的。特别是掀开鱼皮时，那皮下油脂欲滴的感觉，让腹腔的骨刺肉香气更足。

近十多年来，不知道什么原因，韩江水中有两种淡水鱼被重新拿到桌上来论道品味——翘嘴绿鱼和鳊鱼。

我一直是喜欢海洋鱼类的，哪怕海边滩涂的鱼仔、蟹仔，也可圈可点。那种深奥的海洋文化碰撞着潮汕大地的田园文化，让潮菜菜肴一直萦绕在我脑中，抹不去。所以我一直对江河的鱼虾和池塘沟渠的鱼类关注度比较少，偶尔提及也是一闪而过。

我早年习厨时认识一位潮州东凤人陈垫通先生，他曾经说过韩江有绿鱼，我还讥笑他"笠"（土气）。我告诉他，绿鱼只生长在海中，头尖身扁、鳞粗骨刺多是绿鱼的特点，潮汕人烹制大都是整条"梅子汁蒸"，可以不开膛，不去鳞，蒸的时间要比平时炊鱼要长一点（据说上海人炊鲥鱼也是如此）。

很多年后，曾在潮州市工作过的黄先生来酒家用餐，要求找条翘嘴绿来吃，他说离开潮州市后再也未吃过了，突然很想再试味。我蒙了，原来韩江水中真的有绿鱼，我真的是孤陋寡闻。惭愧！

几经周转，终于找到一条二斤多的翘嘴绿。整条鱼的形状几乎与海中绿鱼一样，只是鱼身颜色偏深暗些，不过嘴部相对向上翘起，怪不得大家也称之为"翘嘴绿"。

一顿丰盛的农家宴让寻味者得到满足，大家感叹着翘嘴绿的鲜味，惊讶着在韩江边的走地鸡、鲜摘的苦刺心肉碎汤，更惊讶的是"鹅干阿泵"独特的鲜笋肉粒焖饭。

农家户都有独家烧柴草的灶台，铁生鼎，木板盖，柴草来生火，添草火旺，抽柴火熄，操控自如。

自小属农户出身的"鹅王阿泵"一时兴起，自己生火焖笋饭。只见他洗鼎烧热，注入猪油，倒入猪肉粒，鲜笋粒快速翻炒至六成熟，再投入生米进行混合炒香，五分钟后注入滚水，适量而定。加盖后焖至起味，退去火候，用余温收干水分，再投入调味品、少许葱花翻炒均匀即好。笋鲜、肉滑、米香、饭爽，实是家乡炒饭一绝。

六月鳝鱼

　　鳝鱼煮乌豆（黑豆），是专治疗流鼻血的民间裤头方。这是师兄弟陈木水先生献出来的秘方，存在于什么年间已经不详。初时听后，觉得此裤头方有点莫名其妙，好像与治疗沾不上边。但它确实治好了许多流鼻血的问题，下面是它的用量和用法。

　　取活鳝鱼2～3条，乌豆1两，清水一碗约半斤，蜂蜜浆2汤匙。烹制过程中要先把活鳝鱼整条洗去黏液，最好用干净的布整条拉住鳝鱼后去掉黏液，保持鳝鱼还活着，再清洗干净待用。乌豆洗净待用。

　　取砂锅一只，注入清水加入乌豆煮沸，再把洗净的活鳝鱼迅速放入，盖紧锅盖煮熟，再转入炖盅内，加蜂蜜2汤匙，密盖后进入隔水炖，约90分钟完成。

　　用此偏方治疗流鼻血，要注意的是，第一星期食用3～4次，每次都是取其炖汤饮之。第二星期可依次减至2次，同样是取汤饮之。

　　陈木水先生曾经服用过，治好了他自己的流鼻血。不过他说"裤头方"都是民间的偏方，因人而异，也有可能达不到好的治疗效果。我一而再、再而三地观察这一张"裤头方"，觉得纵然不是治疗流鼻血的偏方，炖吃之也对身体无害，当美食享受也无妨，故此引入来表述，信不信由你。

鳝鱼，生长于河、沟、溪、渠和水稻田的泥土水中。它圆身修长，无鳞且黏液缠身，血液布满身上各个角落，腹部呈黄色，背部有黄褐斑点，故此被大家称为黄鳝鱼。

黄鳝鱼的生命力非常强，其营养价值极高，含有大量蛋白质、氨基酸、维生素、血色素等对身体有益的元素，故此又被大家称为"水中人参"。若论黄鳝鱼做菜，潮菜中有几味比较出名，其中有油泡六月鳝鱼、红焖鳝鱼、鳝鱼羹、鳝鱼把。

潮汕家常的鳝鱼做法莫过于一味"鳝鱼炒雍菜"，有一句口头语"六月雍菜蕊，鳝鱼如鸡腿"，我觉得生动贴切。当然也有一些家庭妇女喜欢买两条鳝鱼煮粥给孥仔（潮语方言，即小孩）吃，补补身体。这做法，体现了药食同源的理念。

"六月鳝"的叫法是比较有时令性的。潮菜名厨蔡和若师傅说过，

鳝鱼炒雍菜

六月鳝

每年的新生鳝鱼在六月最鲜嫩脆口，用蒜米粒来油泡，在潮菜中最合时令，颇具特色，故称"油泡六月鳝"。

潮菜名厨柯裕镇师傅在烹制鳝鱼羹的时候，则喜欢取鲜活鳝鱼开膛破肚，去头削骨后洗净切丝，再配上鸡丝、火腿丝、香菇丝、稚姜丝、芹菜丝和上汤，煮的时候注入蛋清液，调上味道，特别是胡椒粉。柯裕镇师傅烹制的鳝鱼羹和一些地方的鳝鱼糊异曲同工，这是我们众师兄一致的看法。

师兄弟刘文程先生介绍，他在湖南长沙工作时见过湖南师傅烹制过鳝鱼糊，基本上相同，只是他们在提取鳝鱼肉时，采用钉刨式取肉。一块木板上，用钉钉满木板，钉的另一头突出一节。鳝鱼煮熟后放在钉板上刨刮鱼肉，一手抓鳝鱼的头部，把鱼身放到钉板上，顺手嗖嗖几声，迅速把肉刮出。这就是典型的骨肉分离，非常有趣。

认知黄鳝鱼和烹制鳝鱼，有的时候想一想也是一种乐趣。当年罗荣元师傅在教我们烹制鳝鱼时，要求我们用大菜刀去宰杀鳝鱼。刚开始时，我们真的用大菜刀，手指碰到鳝鱼，鳝鱼就溜走，你再抓它的时候又溜过，杀一条鳝鱼几乎费掉了半天的时间。为鳝鱼开膛破肚，手指与大菜刀控制不一致时，鳝鱼滑溜，刀尖还会戳到手指，而流出的血与鳝鱼的血混合在一起，直到痛了才知道伤口在何处。

潮菜名师罗荣元师傅不管你当时的表现如何，他说用大菜刀宰杀鳝鱼，虽然难度大，但学会和掌握了，你便可携大刀闯江湖，为烹调事走天下。

罗荣元师傅说市场上买卖鳝鱼者，宰杀鳝鱼都是"专业杀手"，小刀熟手易掌握。我们是厨师，经常操握大菜刀，所以学会用大菜刀宰杀鳝鱼，走到哪里都方便。他在指导我们宰杀滑溜溜的黄鳝鱼时，强调使用的刀法只能用三刀。

第一刀，要用大菜刀的前刀尖处插进头部下方，从腹部往下顺身边拉下，让鳝鱼腹部开成两边。

第二刀，用大菜刀的前刀尖处插进头部下的脊椎骨边下，从骨边顺身边拉下，咯咯咯声响过后，脊椎骨即刻浮在鳝鱼肉上面。

第三刀，要把大菜刀放平后从后面挑起脊椎骨，往前平推挑起骨，让骨与肉分离后，顺势从头部切断。

三刀过后，整条鳝鱼即完成了宰杀过程。我们众师兄弟都认为这是厨房的一项细活儿。按照罗荣元师傅的观点，一个完美的厨师必须掌握厨房技术的全部。

池塘水库鱼

很多年前，潮南司马浦人老四兄在清风岭水库捕捞到一条大松鱼（鳙鱼），重达八十斤。老四兄非常高兴，马上叫人拉到汕头市东海酒家。这条大鱼在东海酒家受到最高"礼遇"的处理，鱼肉被取出，改切细块后用盐腌制，松鱼头就被众友人分成多次，做成多种味道品尝了。

"松鱼头，草鱼喉，鲫鱼鳞"，古早的一种饮食流行语，道出了食材最好吃的部分。松鱼头可以烹制的菜肴太多了，例如红焖松鱼头、生炊松鱼头、豉椒松鱼头、剁椒松鱼头、松鱼头煮白菜、松鱼头芹菜豆腐汤等。今天与大家分享松鱼头的若干烹制方法，或许你在家也能烹几味。

汤溪水库

潮菜中有一句流传的饮食语，"这步，那步，松鱼头焖芋"，意思是说松鱼头的很多做法，虽然都不错，但还数"松鱼头焖芋"这个菜肴最经典。

松鱼头焖芋

原材料： 松鱼头 1 个约 750 克，芋头半个约 300 克，五花肚肉 100 克

调配料： 蒜头 25 克，姜片 25 克，芫荽 15 克

具体步骤：

①鱼头改块，芋头改块后用油炸一下捞起，蒜头炸至金黄，五花肚肉改细片。

②肚肉垫底放进砂锅里，芋头和松鱼头、蒜头一同放入加滚水至芋头香气喷发，再加入调味品，咸淡适宜时，芫荽点缀助香。鱼头松软肉嫩滑，芋头粉而香味足，汤浓气息强。

特点

鱼鲜味和芋香融为一体

松鱼头焖芋

住在海边城市的人，多少受到海洋产品的影响，味觉上总觉得海鱼的味道比江河池塘的鱼更鲜甜美味，在一定程度上更喜欢海鱼。但是当海面作恶，风浪四起时，海鲜货源也会受到限制，这时池塘水库的鱼类就会受到青睐，松鱼、草鱼、鲮鱼、鲫鱼等就会登场。

趁着写松鱼头，我再写一味池鱼的做法，一味用草鱼肉做的品种——芙蓉鱼盒。

芙蓉鱼盒

🧺 **原材料：**草鱼1条约1500克，肥瘦肉200克，鲜虾仁100克，湿香菇25克，马蹄25克，鲽脯鱼干15克，鸡蛋2个，面粉250克，姜25克，葱25克

🧂 **调配料：**味精、盐、白糖、白酒、胡椒粉、麻油、生油均适量

🍳 **具体步骤：**

①草鱼去鳞开膛洗净擦干水分，用刀去骨留存两片鱼肉再撕掉皮，鱼肉切成6厘米一段，再顺势用平刀把鱼肉平片开，让其相连，用姜、葱、酒、盐腌制20分钟。

②把肥瘦肉剁烂，虾仁拍浆起胶，香菇马蹄切细，鲽脯鱼炸脆碾碎汇在一起，调入味精、盐、胡椒粉，和成肉馅。

③鱼片平开，酿上肉馅再把鱼片合上，做成长方形的鱼盒后，再拍上干面粉。取鸡蛋打成蛋浆液候用。

④烧鼎热油，逐块鱼盒挂上蛋浆液后放入油锅内，热炸至金黄色捞起，采盘后，配上甜酱即好。

特点
入嘴饱满，蛋角香气扑鼻

池塘水库的鱼种类不多，有时候泥土气息也不好，但它与海鲜有着互补作用，如果处理得当，也不失为人间美味。

马鲛鲳，究竟好在哪里

　　"好鱼马鲛鲳，好戏苏六娘。"潮汕人喜欢说的一句话，前半句也值得我在饮食一生上不断思索。这种思索往往会让我的思绪回到二十世纪六七十年代。那个年代的物资都是分配制和票证供给制，物质上大有限制。

　　在这种情况下，汕头的酒楼食肆每天定量供应都是"公价鸭""冻霜草鱼"之类。如果发现有马鲛鱼和鲳鱼，大家都好像发现新大陆一样惊讶，用垂涎三尺来形容也不为过。

　　马鲛鱼，大部都是圆身，褐黑色，鱼身无鳞，骨刺少，只有中间骨比较粗而已，肉层厚实，油脂偏多。煮的时候鱼肉收紧，入嘴偏涩口，但是香气充足。最好吃的是切薄圈片，撒点薄盐腌制两小时后，用慢火煎煮熟后来吃。此时的马鲛鱼还有点嫩，咸淡适宜，纯甘入味。如果以为马鲛鱼的好仅仅是用在煎和煮上，那是太小看它了。

　　其实，在潮菜中的鱼类制品，诸如鱼丸、鱼册、鱼饺、鱼饼、鱼面等都是通过马鲛鱼肉和其他的鱼肉制成的。所以当人们谈起它是"好鱼"的时候，不要简简单单认为它只是"好吃"，而且要知道它还具有更广泛的食材用途，特别是用在鱼制品加工的搭配上。

马鲛鱼（左）和鲳鱼（右）

二十世纪七十年代，我曾经和师兄弟蔡培龙、魏志伟、张淑林先生合作加工过鱼丸、鱼饼，所以非常清楚马鲛鱼在加工成鱼胶过程中的作用。我认为采用其他鱼肉来加工成鱼丸、鱼饼，它的胶原质黏合力可能会差些。但是，马鲛鱼肉加入后会让鱼制品更有黏合力，且味道更鲜。在当年，也有鹤鳗、那哥、红口、淡甲、春只鱼的加入，与马鲛鱼肉混合制作加工成鱼丸。

下面写一点制作鱼面的过程。鱼面是利用马鲛鱼肉通过拍、压、切而做成的，"好鱼"马鲛做成的鱼面搭配新鲜虾仁，尽显潮菜风味。

潮式虾仁炒鱼面

原材料： 马胶鱼肉 250 克，其他鱼肉 250 克，鸡蛋 1 个，鲜虾仁 25 克，芡粉 20 克，韭菜白 25 克，豆芽菜 25 克，香菇 10 克，鲽鱼末 10 克

调配料： 精盐、味精、鱼露、麻油、生油均适量

具体步骤：

①马鲛鱼肉与其他鱼肉参半（总量1斤），用刀背拍成胶状，加盐蛋清，揉和后一边拍粉，一边把它轻轻地压成紧身的鱼胶团，候用。

②用纱布包把芡粉包紧，边搓鱼团边撒粉，达到不粘手状态，再把鱼胶团在案板擀成薄鱼面皮，用刀切丝，成面条状。取锅煮开水，将生鱼面煮熟捞起漂凉，待用。

③烧鼎热油，将虾仁用油熘熟后捞起，其他配料切段切丝，一起下锅炒熟，注入起香后调料品，勾薄芡，再把鱼面倒入鼎中用慢火炒至鲜味突出，投入虾仁和鲽鱼末复炒即好，上桌时配上浙醋。

香煎马鲛鱼

　　此等炒鱼面绝对是经典的潮汕风味，原惠来县和沿海一些地方做得最好，如今却是难找了。

　　与马鲛鱼被同时称为"好鱼"的，还有鲳鱼。鲳鱼的品种很多，从东海至南海海域都有，而且产量也比较高。潮汕地区对鲳鱼有多种认识判断，最出名也是价值最高的应该是"斗鲳"（中国鲳），重量大的２～３斤，其他小一点的统称为鲳鱼，有金鲳、粉鲳、乌鲳和流鼻鲳等。

　　鲳鱼在潮汕人心目中也有举足轻重的地位，其扁身，肉无骨，鲜味十足，入嘴软滑而不腻，肉身不紧不松也不柴，算是品质中规中矩的鱼类。当然，也有人认为，单纯从鱼肉鲜甜和柔软甘滑上来说，比起其他鱼的口感，鲳鱼还稍差些，达不到味觉上的"好鱼"。

　　我一直在寻找鲳鱼作为"好鱼"的理由。烹调一生的我，忽然觉得应该从另外一个角度，特别是烹调做法上去判断，诸如煎、煮、炊、炆、炸、烧、酸甜等，如果放在鲳鱼身上，便是可以随心所欲地烹饪了。

　　下面，我把一些烹调做法写出来，看看是否符合这一论点。

　　一、干煎法。鲳鱼，不管大小，不管在酒楼或者在家庭里，不管是厨师还是家庭主妇，他们都能在不加入任何调料的情况下，把鲳鱼煎得酥香，而且鱼肉不散。在烹调技法上更是有干煎、湿煎之分。干煎外皮酥香，肉质松甘；湿煎鱼身内外嫩滑鲜甜。

　　二、半湿煮法。把鲳鱼切块，配以姜丝、芹菜、豆酱，可以是一味豆酱煮鱼；配上吊瓜、冬菜，则是一味鲳鱼煮吊瓜。

　　三、炒法。把鲳鱼两片肉取出，切成细块，配上芹菜、香菇、马蹄片、鲽鱼块、南姜麸，则是一款生炒鱼蓬。

梅肉丝盖炊鲳鱼

四、炊法。鲳鱼不管切块或整条，配上蒜头、肚肉、香菇、红辣椒和腐竹，即成一味红炊鲳鱼。

在烹调上，鲳鱼真的是百变。配上姜丝、芹菜、香菇丝、白肉丝、红辣椒丝便是一味淋料炊法的鲳鱼。如果配上菜脯条、香菇条、白肉条和红辣椒条，调入味料后盖在鲳鱼身上去炊，叫作盖料炊鲳鱼。

如果把鲳鱼通过油温炸至金黄色，然后调上菠萝丝、香茄丝、吊瓜丝、瓜丁丝、葱丝做成的糖醋酸甜汁，即是一味"五柳鲳鱼"。啰啰唆唆，在结束写鲳鱼之前，送上一味酸梅肉丝盖料炊鲳鱼，供大家借鉴，兴致起时，随手而烹。

酸梅肉丝盖料炊鲳鱼

原材料： 斗鲳鱼一条1000克左右，潮式腌制咸梅100克，肥瘦肉100克，湿香菇2个，红辣椒1粒，生姜1块，咸菜尾叶2张

调配料： 味精、白糖、盐、胡椒粉、麻油、猪油、粉水均适量

具体步骤：

①斗鲳鱼开膛、去鳃、刮去鱼鳞后清洗干净，用刀在鱼身上切上菱花图案，顺刀势而切也好。

②咸梅去核后，用刀轻剁几下，肥瘦肉、湿香菇、红辣椒、生姜都切成丝条状，与咸梅混合，再加入调料品，搅拌均匀成盖料。

③咸菜尾叶垫在盘底，斗鲳鱼放在咸菜尾叶上面，酸梅盖料覆盖在鲳鱼上面，铺开均匀后放入蒸笼，约12分钟后取出，即好。

金龙鱼

金龙鱼的崛起，证明了老一辈人"三十年河东和三十年河西""风水轮流转"的正确说法。金龙鱼，学名黄花鱼，大至十多斤，鱼肚内有一鳔，晒干后称为金龙鱼鳔，可入菜，也可做药用。由于鱼鳔被勾起，其鱼身价值便没那么高了。

小的时候，听老一辈人说，金龙鱼多时，通街塞巷都是，特别是海边渔民，他们都把金龙鱼当成鱼饭吃。由于金龙鱼本身的鱼肉比较淡味，加上鱼鳔被勾走，便也没人说金龙鱼是好鱼，其价位也相当便宜。

过去在潮汕，有一种捕捞金龙鱼的手法叫"卡罟"，传说是渔民们用一支木棍敲打着一块特制的响板，发出阵阵响声，让游在海里的金龙鱼晕头转向，浮上水面，因而被围捕了。出现这种情况，是因为金龙鱼头脑内有一块鱼石，听到响声会头晕，自然无法逃离。是不是这样，现在也不去深究了。又听说因"卡罟"发出的响声，声波影响军用雷达而被禁止了，金龙鱼一度在市场上少之又少。

泰国侨领蓝建宁先生在二十世纪八十年代经常来往汕头，住在鮀岛宾馆。每一次到来，我们都要安排几味家乡潮菜让其品尝。他

金龙鱼鳔

特别喜欢吃金龙鱼饭，于是每次我们都会为他准备一条金龙鱼。

那时候金龙鱼在市场上还是比较容易购买到的，价格和其他鱼类一样，不算贵，也不显得特别。金龙鱼肉身比较洁白，煮熟后鱼肉呈现乳白色，嫩滑鲜甜偏淡味。过去因为其鱼肉松散，口感偏淡，潮汕厨师并不怎么喜欢用它做菜，有时烹饪，也只会用在酸甜上，其他做法并不显眼。

斗转星移，物稀为贵。现如今，海域中的野生金龙鱼在产量上日益减少。忽然有人发现金龙鱼特别好吃，鲜甜嫩滑，于是把它的价格推高了。特别是近几年来，随着大家对鱼胶的认识加深了，认为金龙鱼胶也是不错的胶原蛋白，吃晒干的不如吃鲜的，于是只要有野生金龙鱼出现，即刻被抢购，在你爱我也爱的情况下，价格自然水涨船高了。

浙江、上海一带的人喜欢金龙鱼，商贩更是以此牟利。潮汕渔民在海上捕得数尾金龙鱼，便被收购到浙江、上海，使得家乡汕头金龙鱼奇缺，于是价格一路走高。记得几年前，野生金龙鱼一斤价值几千元，想吃一条两斤左右的野生金龙鱼，竟然需要近万元。

金龙鱼真的贵了。

还是来谈一谈关于金龙鱼的一些做法吧。

二十世纪八十年代我曾经去过香港，在南北行十字路口处有一酒家，名叫天发酒家，是潮商陈潮文先生的家族创办的，始于二十世纪三十年代。许多潮菜在香港天发酒家做得红火，其中有一味金龙鱼煮芹菜，非常了得，吃后让人印象深刻，我至今忘不了。

记得他们是这样煮的：新鲜的金龙鱼开膛去腮，洗净切小块，小芹菜切段，嫩姜切丝；烧鼎下油，将金龙鱼块下鼎热煎后注入滚水（一定要滚水），让鱼汤化成乳白色后才下姜丝、芹菜、鱼露、味精，调味即好。此做法简单，却是潮州菜中烹煮金龙鱼的最佳办法，其特点是肉嫩口感鲜美。

1982年，我在鮀岛宾馆厨房工作。那时候，除了金龙鱼容易寻得之外，金龙鱼鳔也很多，都是江、浙一带的人拿来卖的，因此我们经常拿来做菜，用油发让它膨胀，然后用温水清洗掉油污，漂洗干净后作为焖菜出现。

说到此，我介绍一味芝麻焖鱼鳔。对普通的家庭主妇来讲，此菜肴可能难以上手烹饪，但至少能理解厨师们的辛苦。

芝麻焖鱼鳔

芝麻焖鱼鳔

原材料： 金龙鱼鳔100克，湿香菇8个，冬笋50克，虾米十几个，赤肉200克

调配料： 味精、鱼露、胡椒粉、上汤、湿粉水、生油、芫荽均适量

具体步骤：

①取鼎烧热下油，通过油温让鱼鳔慢慢膨胀发透，捞起进行清水滚煮后，洗净切段候用。

②冬笋去壳削去硬皮，然后切成斜角块。

③将香菇下鼎炒香，虾米、笋角投入炒匀，加入鱼鳔后注入上汤，再把赤肉片放入，与鱼鳔一同炆至软身入味。如无金龙鱼鳔，可用鳗鱼鳔，效果一样。调上芝麻酱入味，粉水收汁。上盘时去掉赤肉，用芫荽点缀为妙，上席配浙江醋。

黄迹鱼

黄迹鱼，学名黄鲫，一种娇小而身段薄扁的鱼，刚捕捞上来时鱼身金灿灿，但是存活率太低，加上相互摩擦，身上痕迹特多，因此才被称为黄迹鱼。

黄迹鱼还有另外一个特点，它的骨刺又多又密又细，许多人不懂加工烹制，吃时扎舌，令人生厌，故而它一直处于海鲜食材的低价位置。

也有一部分人喜欢它。如果用慢煎的方式，肉脆骨酥，慢慢嚼时香气飘出，佐味小酒特别过瘾。有趣的是，当你把煎熟后的黄迹鱼从尾巴抓起，轻抖几下，马上会肉骨分离，其骨刺极度整齐，非常好看。

潮菜名师罗荣元先生说过一句话叫"冬圆夏扁"，指的就是像黄迹鱼一样薄扁的鱼，夏天特别鲜美。每年四月后汛期一过，即将转夏，薄身的黄迹鱼也将进入特别好吃的时间段。

是啊！这是自然规律。回想往事，我的母亲喜欢用黄迹鱼蘸上面浆来炸，香气特别且持久留香，让我难以忘怀，今天我把它写出来，可续客好。

炸脆浆黄迹鱼

挂浆炸黄迹
鱼一般可
以不刮去鱼
鳞，因为黄
迹鱼的鳞多
有脂肪，它
和鲥鱼、鲫
鱼一样都是
可以不去掉
鱼鳞烹制
的，能起到
酥脆增香的
效果。

炸脆浆黄迹鱼

🥗 **原材料：** 黄迹鱼 500 克，脆浆粉 250 克

🧂 **调配料：** 味精、盐、生油均适量，佐料用甜酱

🍳 **具体步骤：**

①用小刀将黄迹鱼刮去鱼鳞，洗净沥干水分，用少许盐和味精腌制。

②脆浆粉用清水和开，加少许生油调均匀。

③烧鼎热油，温度在 120 摄氏度左右，将黄迹鱼逐条蘸脆浆面糊后放入鼎中热炸，其间不停翻转，让其受热均匀，达到双面金黄即好。

佃鱼翻身

烹调的世界真的如此奇妙。如果你不思也不想，原始的东西就会永远不变。佃鱼本身肉质柔软，一不小心鱼肉就会松散而影响美观。汕头六星级餐厅的俞师傅在铁板上做文章，把佃鱼放在平面上慢火煎至外酥里嫩的特佳口感，撒上少许盐花，淡淡的咸味把九肚鱼的鲜美突显出来，想想真是绝了。

当大家发现佃鱼可以被开发出多姿多彩的品种时，它的品位与价位也相应提升了。一直处于底层的佃鱼上升到了抢手的位置，真的翻身了。

佃鱼，学名龙头鱼，浅海水面鱼类，收获旺季应该是 8～10 月，潮汕地区把它当成夏季至秋季的季节性普通鱼类。佃鱼肉质松软，鱼肉含水量多，营养价值不高，作为食材它一直处于边缘，但有着特别的鲜味。

近年来，饮食业的从业者在文化程度和知识面上，都要比以往提高不少。知识丰富的表现，更多是体现在菜肴的出品上。他们能把一些过去想不到的菜肴，通过知识去提高，去变化。比如上面所说的铁板佃鱼，就印证了这一点。

全身松软的佃鱼

　　潮汕人家最熟悉的煮法是用粉丝煮佃鱼、咸菜煮佃鱼、冬菜粉丝炊佃鱼、普宁咸面线煮佃鱼。它们在与这些食材搭配时，必须去头及肠肚，一条改为两段或三段。用鱼露腌制十分钟左右，使其在烹煮过程中收紧肉身，乃至带有轻弹性，让口感更舒服。

　　随着时间的推移，佃鱼的做法也有了突破性变化，比如根据香煎蚝烙的原理改成香煎佃鱼烙，随后又不费力气地和丝瓜混合起来，烹制成"煎佃鱼丝瓜烙"。

　　佃鱼不仅煎起来可口，炸起来也毫不逊色。佃鱼通过起掉鱼骨，腌制后能炸成椒盐佃鱼。这道菜可以挂上湿面粉衣炸至金黄色，也可以拍上干粉炸至皮脆里嫩的口感。撒上椒盐粉的时候，有一股椒香味穿鼻而过，口感上极度舒服。当然，还有一味炸菠萝豆腐鱼，更是嫩滑与酥脆互动。

炸菠萝豆腐鱼

原材料： 佃鱼 1000 克，菠萝 1 粒，脆浆粉 500 克，芹菜若干条

调配料： 味精、胡椒粉、精盐、白糖、料酒、白醋、生油均适量

具体步骤：

①将豆腐鱼去头开膛，用刀把肉平行片开去掉内骨，让两片鱼肉相连，再用味精、盐、胡椒粉、酒腌制候用。

②菠萝去皮去心，削去菠萝眼，切成小条状候用，把脆浆粉用水和开候用。

③烧鼎热油，逐条铺平鱼肉，将菠萝条放入佃鱼肉内，然后夹紧成棍条状，再整条用脆浆糊挂上身后放入油鼎里热炸，呈金黄色硬脆身段时捞起，用刀对角斜切摆盘即好。

④剩余菠萝切细粒，用糖醋调成菠萝酸甜酱碟配上更完美。

特点

菠萝的果酸汁
表现强烈

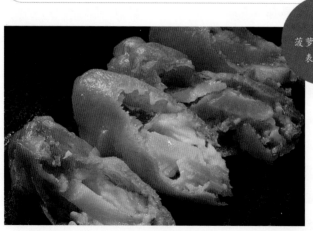

炸菠萝豆腐鱼

厨师想象力与能力的发挥，让长期以来处于底层的佃鱼翻身，成为抢手食材货，你还有其他奇思妙想吗？

拼死吃河豚

河豚鱼，潮汕人称之为乖鱼，好吃人人皆知，然而好吃的河豚有时候也会因加工处理不当而伤及食客。因而说到吃河豚鱼，汕头人有一些不成文的规定：旧时，酒楼食肆是不为客人加工河豚鱼的；煮熟后的河豚鱼放在桌上，谁也不会邀请谁去吃，想吃的人都是自己舀，出事了自己负责。也因为有这些规矩的存在，人们在尝鲜时往往会弄出许多笑话。

说一件现实版趣事。达濠在过去是重要的渔港基地，经常有一些海鲜渔获在市面上购销，因而烹煮海鲜也特别多，当然免不了有许多河豚鱼。有一次，好朋友尼金星先生带着妻子、丈人前往达濠吃河豚。店家把河豚煮熟端上来，当老丈人拿着筷子准备吃乖鱼时，却被尼金星先生制止了。尼金星先生因怕出事，说让他的老婆先吃。话刚说完，老丈人愣住了：你的老婆不是我女儿吗？丈人想着，也只能是笑着摇摇头，真是一位傻仔婿。

2018年3月的某一天，我和一群朋友聚集聊天，忽然聊到河豚鱼，大家都说河豚鱼的肉质非常好吃。坐在一边做水产生意的汕头市龙平公司经理邹楚平先生开口说话了。他说，河豚虽然好吃，但

晒河豚干

不能随便吃，特别是在 3 月和 4 月，这个时候河豚怀卵了。一众朋友听后，有一些不理解。经过一段时间思考后，我觉得可以用两个方面来解释：

一是因为很多鱼类都是选择在春天交配、怀卵，一般都是在春天产卵，有一些鱼类还需要听到春天的响雷才产卵，如鲤鱼。此时怀卵的鱼类，出于保护自己和衍生后代，会使出浑身解数，如潜、溜、躲、游，包括喷射黏液和毒素。河豚鱼也一样，在怀卵期间，身上的毒素明显高于平时，若此时吃河豚鱼，中毒的概率极高。由此我非常认同邹楚平先生的说法，他毕竟是饶平县海边的人，有这种经验。

二是因为河豚鱼本身在怀卵时期也比较瘦弱，营养相对缺失，因此味道上偏差，这是一切生物的生理特征。这是季节性循环的要求，因而河豚鱼在春天不宜食用也合乎逻辑，纯属正常。

　　那么河豚鱼什么时候好吃呢？个人认为，一般是在进入夏季时，河豚鱼经过产卵生殖，自身营养需要迅速得到补充恢复，在一段时间后，河豚鱼本身才开始长膘肉，此时最鲜美。

　　适季河豚鱼的肉质肥美而鲜甜嫩滑，非常可口，因此吸引了许多人前往品尝。然而，河豚鱼本身含有一定毒素，不小心或者烹煮上因操作不当，都会让一些爱好者中毒，甚至有生命危险。民间都明白鲜味的河豚鱼让人爱恨两难，故此才留下了一句"拼死吃乖鱼"的话。哎！真是好看的玫瑰花都带刺啊！

　　按照我本人的认知，河豚鱼应该分为两大类：一类生活在海洋中，一类生活在江河中。江河中的河豚鱼我没烹煮过，也没尝试过，不太了解它们的烹煮法。在潮汕沿海有一种皮部上有青色的河豚鱼（青乖鱼），在适季的时候，沿海还是有人煮着吃。

　　潮汕的不同地方，有多种不同的烹制方法。按我的理解和看法，它们都各自有其味道特点。

　　达濠渔港人烹制海中的河豚鱼，喜欢用炆煮的手法，在鲜味飘香时再加入芹菜、蒜仔，鲜味完美无缺。还有一种做法和鱼饭一样：把河豚鱼刮去肠肚后摆齐，撒上几粒海盐，蒸熟晾干，吃起来味鲜甘甜。

　　潮阳县海门渔港人喜欢用一款潮式辣椒酱去煮，鲜红色的汤水带有微辣的口感。虽然肉质鲜味不变，但辣中带鲜的味道在潮汕人看来还是有点怪怪的，本人并不欣赏这种做法。

　　最值得称赞的是一款用鸡汤煮的河豚鱼，肉嫩味鲜甜。每年八月左右，有位好友总会带着一锅用鸡汤煮熟的河豚鱼来到东海酒家，和朋友们共同品尝。我当然也是品尝者之一。

我是饮食人，试着将河豚鱼浸煮鸡汤的方法做一次介绍：

一、当季适合吃河豚鱼的时候，选河豚鱼是关键。入秋后，是河豚鱼最肥美的时节。河豚鱼每一条应在25克左右为佳，太大的鱼，肉质相对比较柴，感受不到口感上的嫩滑，而太小的则身上没有什么肉。

二、加工河豚鱼，除去腮及肠肚尤其重要，特别是取河豚鱼的鱼肝时要特别小心。肝的旁边是胆囊，一定要小心去掉。血筋网络要尽量挑剔干净，烹煮才能放心，吃者也才能安心。

三、浸煮的鸡汤一定预先煮好，汤锅要放入竹算垫底，随后才放入河豚鱼，同时调入少许精盐、味精和姜、葱。这样浸煮出来的河豚鱼，绝对汤清肉嫩，两个字：鲜甜。

在民间当然还有很多传说。有说煮河豚鱼不能粘锅，粘锅了影响到鱼的本质，同时也会改变河豚鱼的结构，会产生有毒成分。

哎！世界上的河豚鱼究竟有多少种类，肯定有人统计过，但是我不知道。我只清楚每年在旺季时，有人在享受着美味，也有人为之付出代价。

只能告诉大家，谨慎！谨慎！

有一对夫妻想尝河豚鱼的鲜味，煮熟后谁都不动筷子，在相互推让下决定抓阄。最终是丈夫抓到"先吃"，筷子还未动他便哭着说如果他吃后因中毒而死，希望她不要改嫁。说完后才发现煮熟的乖鱼不见了，原来已被他妻子端出去倒掉了。

花胶传奇

一路飙升，十天一小价，每月一大价，这就是几年前鱼胶（花胶）的行情。从普通鱼胶到鳘鱼胶，从赤嘴鳘鱼胶到金钱鳘鱼胶，价格一路高涨。

特别是具有神传药用价值的金钱鳘鱼胶，从早期价格低位，一直升到天价。有人说，最高峰已经上百万了。我曾经发出惊呼声：逆天了，天价，真的天价了！经过一番静心思考，我认为两个方面可解释它飙升的原因：一个是社会存在感，一个是药用价值。

金钱鳘鱼胶，黄唇鱼的鳔，我见过的重量小至几十克，大可至1000克左右。渔民捕到金钱鳘鱼的时候，杀鱼取胶最关键，所以他们会聘请行家师傅来取胶。取完后，通过日晒风干，将其存留下来。一些地方在聘请行家师傅取鱼胶后，主人要送红包给师傅。黄唇鱼每百斤可提取生胶1200克左右，晒干约450克。

价格飙升，客观上是资源稀少。黄唇鱼目前处于濒危，现属于国家一级保护动物，传说中有神奇的止血功能，所以很珍贵。潮汕富有人家大都会把金钱鳘鱼胶当救急药而珍藏着，食用上比较少。被家藏久了，便形成老金钱鳘鱼胶了，老金钱鳘鱼胶又经过反复宣传，

石肚母鱼胶

认为年份久而更有功效，所以价值自然又升高了。

　　当金钱鳘鱼胶稀缺而想拥有者剧增，在"你有，我也必须拥有"的影响下，稀有奇缺的金钱鳘鱼胶就被认为有特别收藏价值的物品了。所以，人们不顾价位是否合理，相互竞价，就造成价格一路飙升，这也就是它的社会价值。

　　很多年前我与李锦腾先生讨论金钱鳘鱼胶止血的药用效果。他列举了一些物质的蛋白倍数，他说："眼镜蛇的蛋白是人体的一千倍，而且有毒，当被眼镜蛇咬着的时候，人体血液会被蛋白封住而影响正常流通，导致死亡。但是金钱鳘鱼胶的蛋白是眼镜蛇蛋白的三千倍且无毒，所以它能够及时止血且益于健康，对人体健康恢复有着极大的好处。当人体大出血，连现代医疗都束手无策之时。金钱鳘鱼胶更能体现止血的功效来，这就是它的药用价值。"

　　这是潮汕人都听说过的"传说"。

　　说到食用，把老金钱鳘鱼胶拿来做菜的，我尚未发现。作为食物补身的也为数极少。但是近年来，随着一些外来港口金钱鳘鱼胶的涌入，它的价位稍有一些回落，人们把它作为食物补身，尝味享口福，也未必为过了。

　　金钱鳘鱼胶，绝对是鱼胶中的顶级佳品。我们大部分人只是观望者。在广东珠江三角地区，人们把这种普通的鱼胶分为公肚和母肚，更多是叫花胶。用在做菜方面，也烹制得有声有色，应该说比潮菜师傅烹制得更好。鲍汁花胶，在鲍汁的加持下，把花胶煨得入味，堪称超绝。而平时花胶在广府菜中也多有用途，如海参扣花胶、鸡茸淋花胶、陈皮炖花胶等。

　　谈点干货店的花胶常识吧。在海味干货店中，鲍鱼、海参、鱼翅、鱼肚应被视为前端。若论花胶品种，诸如鳘鱼肚、北海肚、湛江肚、

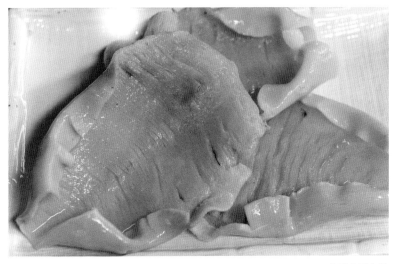

大耳赤嘴鱼胶

蜘蛛肚、白花肚、金龙肚、鳗鱼肚等，它们的价位在今天也不便宜。

食材天地被打开后，潮菜师傅也想从单味的饮食窗口窜入多味窗口。他们在做好其他菜肴出品时，也想领略更多花胶的精彩一面。其实，潮菜也烹制花胶，不同的是潮菜在以前多数是选用金龙鱼胶或者鳗鱼胶去做菜，通常是先用油涨发后才去入菜。

油发能让鱼胶膨胀松化，清洗后加料焖至入味，即可品尝。焖煮可让人们感受到浓香入味的鱼肚，从而诱发出味觉的不同处。也有人喜欢用鳗鱼胶通过油发后清洗干净，酿上虾胶，取名"百花酿鱼肚"——此菜肴一直让很多人赞不绝口。

在过去，鱼胶是作为补品出现的，多数是作为老年人和病后身体虚弱之人，还有就是产后妇女的进补之物。他们认为鱼胶是修复身体的最佳补品，对身体有着极大的好处。

最传统的做法是把鱼胶切片，搭配上冰糖、红枣和清水，放入蒸笼隔水入炖。入炖的时间需要几个小时以上，鱼胶入炖后会析出胶质，经与红枣、冰糖结合，呈现枣红色，又好看又好吃。

当然，花胶毕竟是鱼身上的器官，多少都会带有一点腥味，怕腥者可以加点姜片（一人的量是25克），入炖方法也是以隔水最佳，每星期食用两次效果最好。

如果想把花胶列为菜肴出品，必须了解和掌握花胶的品类。目前流通于市面的花胶统称为赤嘴鳘鱼肚，按照潮汕人的叫法，它们可以被分为台山鳘鱼胶、湛江鳘鱼胶、红鸡鳘鱼胶、大耳赤嘴鱼胶、金兰赤嘴鱼胶、泗水赤嘴鳘鱼胶（印尼）、白莲花胶、北海花胶、安南花胶。还有一种产于缅甸和印尼海城的鱼胶，叫蜘蛛鱼胶，虽然有别于赤嘴鳘鱼，但它的功效和价值在潮汕人眼中是不错的，价格也不菲。鳘鱼胶有公肚和母肚之分。简单判断是，鱼胶受热和水发后，在焖、炖、扣、扒、烩等烹调下，有弹牙口感的是公肚，软黏和呈稀泥状的是母肚。

Chapter 5

第五章

"鲜"从江河湖海来

一只黄油蟹

　　北雁南飞时，雁鹅远行过冬之前，必定预先储蓄大量脂肪，好为远飞供给能量，因而此时的雁鹅是壮骨肥身的。南方人趁这时机，带着铳枪在它们南飞避冬的半途中将其击落，拿到酒楼食肆去卖。古老潮州菜系中的"干烧雁鹅"就是在这样的背景下得到食材而烹制的。

　　想写一只黄油蟹，胡扯到雁鹅，真有点不搭边。于是自己寻找理由，认为它们在过去是奇缺和独特的食材，只想借它们做一点比喻而已。

　　有一位蟹农告诉过我，黄油蟹在捕捞起来后送酒楼食肆，最好吃的是马上用冰冷的办法让黄油蟹休克。这种办法是一种断崖式冰点休克，目的是使黄油蟹不掉油，吃的时候才能感到整只蟹油脂满身，且香气十足，味道极佳。

　　当我带着怀疑的眼神望着这位蟹农时，他耐心地说道："任何动植物都一样（甚至包括人），当其生存环境在高温烈日、台风暴雨等情况下被改变了，其中包括被捕捉，它们必定会产生饮食不适，继而惶恐不安，因心绪不定而让营养蛋白大量流失。"

黄油蟹

　　黄油蟹也和其他动物一样，碰到捕捞和变换环境，它们都会因惊慌失措而掉脂肪，因此采用断崖式冰点休克法是保障黄油蟹不失去油脂的最佳办法。

　　过去，吃一只好的黄油蟹是可遇不可求的事，它在任何海鲜市场上都很难找得到。特别是潮汕的海鲜市场，黄油蟹几乎为零，一切皆因产量少而显得稀奇。

　　蟹农介绍说，黄油蟹的前身是雌性膏蟹，因环境变化而把蟹膏化成油。它们主要生长在咸淡水交界处。野生黄油蟹极少，据说每百只膏蟹蜕变成黄油蟹的成功率仅有 1%～2%，而且还需要气候、温度等环境条件的支持。

虽说有了养殖技术，也只有在珠江口出海处最适宜养殖，因此那里有了很多围堰，在养殖普通蟹类的同时也养殖黄油蟹。黄油蟹的主要食物是小贝壳仔之类，收获的季节一般在 5～8 月。

我第一次吃到黄油蟹是在 1995 年 8 月香港铜锣湾的阿一鲍鱼店。菜肴除了著名的阿一鲍鱼之外，每人还有半只黄油蟹，吃的时候服务生介绍了吃法，感觉上整只蟹黄油膏脂绕缠满身，味纯气香，回喉甘甜，自此留下美好印象。蟹类中有此佳品，我居然一点都不知道，真是枉为饮食人，这让我一直耿耿于怀。

时间在不经意中流逝了，一些食材也在不经意中被遗忘。几十年过去了，能再次吃上黄油蟹，竟然是由一位经营黄油蟹的女士提供的。她让我重新认识了黄油蟹的真面目。

黄油蟹，在断崖式冰点休克法死亡后，再清洗蟹背和钳爪，经蒸笼中十多分钟的火候恭迎，它顿时红袍加身，非常美丽，宛如天仙下凡。我不忍心地用刀迅速将它拦腰而切，满身油脂呈现，甘香扑鼻而来。三十多年前香港铜锣湾阿一鲍鱼店的美味再现了。

尽管你横行，但我还是喜欢你

风靡一时的潮味菜肴"豆酱焗蟹"渐渐被冷落，回归到理性的烹饪中来了。当然，理性中应该能够把"豆酱焗蟹"烹制得更好。

不可否认，大胆尝试者的努力是应该受到尊重的，但值得商榷的地方太多了，诸如豆酱的咸味太重，焗制过程中油的分量过多，等等。很多时候想吃蟹的鲜味，这主要体现在纯味的蟹肉之中。有一位朋友曾经跟我说，吃过很多做法的螃蟹，味道最纯最鲜的还是清蒸。

他说道，虽然什么添料都不加，但那种来自海洋的鲜味是任何食材都不能替代的。蟹肉鲜甜，蟹膏甘香，螃蟹用这一种单纯吃法最是完美。

蟹的潮菜做法，比较值得介绍的有三种。

一是原只炊蒸或者原只爛（焗）。潮汕人（特别是海边的人）在吃螃蟹时候，喜欢整只放入鼎中爛。撒上几粒盐，放上两条葱和一片姜，用一点水带出蟹汁，在逐渐收干水分的过程中，有海水气息的蟹味便飘出来了。爛的做法，也充分体现了海洋饮食文化的特征。

二是斩件炊蒸或者酿合炊蒸。酒楼食肆在处理螃蟹时，有时候喜欢卖弄玄机。虽然处理方式上还是符合卫生条件和所谓吃相文雅，但是斩件蒸熟的蟹已经让食材的原味失去了一部分，有点可惜。最不可思议的是，用螃蟹带壳做另外一种品味的菜肴，如酿金钗蟹、酿如意蟹、酿鸳鸯膏蟹等。这种做法为了迎合酒席的性质而刻意改变食材的品性，弄得失去真味，又不贴切。但是很多酒楼和厨师仍会去认真烹制，因为这些菜肴有其市场上的需求，特别是在生日和婚庆宴席上。

个人认为最不可取的是用虾胶、肉茸之类包住蟹，蟹又带壳，吃时非常麻烦，所以我长期不做此类菜肴。我认为厨师的功夫只有体现在对食材的理解、提升味道和改进食材结构上，才是好功夫。

三是拆肉独立出品，或者搭配其他食材出品。用蟹来拆肉的手法，体现厨师的技术上升到另一个层面了。蟹肉的延伸菜肴品种会体现出无穷尽的遐想。用蟹肉和蟹膏，可变幻式地做出诸如干炸蟹塔、干炸蟹盒、干炸蟹枣、炸黄金蟹卷、蟹肉炒翅、蟹肉燕窝、蟹肉白菜等品种，让蟹的能量发挥得更淋漓尽致。

如此高端的菜肴品种出现在酒楼上，可视为饮食文化提升到另一个档次的征兆。其鲜味更突出，甘香的原汁原味更完美渗透到各种食材的搭配上。以下详谈其中之一。

炸黄金蟹卷

原材料： 蟹肉 300 克，鲜虾仁 200 克，白膘肉 100 克，马蹄 100 克，韭黄 25 克，腐皮 2 张，鸡蛋 1 个

调配料： 川椒末、味精、胡精粉、精盐、白糖、生油均适量

🍲 **具体步骤：**

①将虾仁洗净沥干水分，用刀轻拍成泥，加入味精、盐、蛋清，用筷子搅拌成胶。

②白膘肉、马蹄、韭黄切幼粒，一起投入虾胶中，拌匀后加入蟹肉和调味品，拌匀成蟹肉馅。

③腐皮铺开，蟹肉馅沿边顺势卷成条状后，放入蒸笼炊熟，冷却后切成寸段。

④烧鼎热油，把寸段的蟹卷炸至腐皮色呈金黄色即可。上席时配甜酱碟。

特点
腐皮的豆香夹着蟹肉的甜鲜美味，口感清脆有嚼劲，能满足味蕾更丰富的需求

天地造物，丰富多彩。海洋中的蟹，就有肉蟹、膏蟹、红蟹、梭子蟹、三目蟹、冬蚜等。当然，还有很多未能罗列的蟹流之辈。然而还有一种与众不同的蟹，让很多文人墨客为之赋文吟诗，却是生长在内陆湖泊中，既能自然生长又能大面积养殖，它，便是大闸蟹。

最了解大闸蟹的，应属江浙一带的人，他们对大闸蟹首先是崇拜，然后是喜欢。对一只大闸蟹的产地、体重和公母之分，身上有没有金毛脚爪等知识，他们了如指掌。大闸蟹的蟹黄是清香型还是浓香型，他们能如数家珍，让你感叹！

"秋风起，三蛇肥，膏蟹赤"。一句季节性食材的流行语，点出了季节对食材的重要性。大闸蟹就是这种季节性食材的代表。秋季来临，先吃公后尝母的规律不破。

在吃大闸蟹这一方面，江浙人吃一只大闸蟹可用去一个小时的时间。他们都是对付大闸蟹的高手，独有的刀枪剑戟全套齐，慢挑细揭，唯恐把肉漏，黄酒姜茶不忘却，舐舌酌味领悟其精神，绝对

炸黄金蟹卷

是他人学习之榜样。潮汕人看后惊呼：江浙人真是有文化。

　　潮汕人也聪明，大闸蟹的吃法比不过，不怕，我们就靠腌制出彩。通过多种手法杀菌消毒、助香、提鲜，把一只大闸蟹腌制得另有一片天地。冰镇大闸蟹让你吃后魂不附体到处寻觅，大家都戏称它像"毒药"一样，让人着迷了。

　　天将降大任于斯人，阿拉斯加蟹（潮汕叫蜘蛛蟹，其形似蜘蛛缘故吧）像大将军一样从大洋彼岸闯入中国市场来，彻底击败了曾经支撑潮汕市场的澳大利亚皇帝蟹。皇帝蟹的寿命太短了，如昙花一现。虽然大家都对其质、其量表示满意，但是当食客们都觉得它的价位还有待商榷的时候，它却已经悄然退出中国舞台，被阿拉斯加蟹所取代。

在很多年前，汕头市场上出现台湾海霸王的一款冻品食材，叫蟹柳。它出没于火锅和餐厅的小炒上，让很多人争相品尝。尝后才知道不是真正的蟹脚，只是一种仿海鲜制品。虽然证实是人造品，但这么长的蟹柳脚真的有吗？存疑多年。直到阿拉斯加蟹的出现，打破了我多年的疑惑——海霸王的蟹柳虽是人造的，但模仿得法。

我去澳门玩乐，在协成火锅店打边炉，要了一只阿拉斯加蟹，店家为我们安排了烹制二味，蟹脚在边炉焯吃，其鲜甜自不在话下，而蟹身通过剁块后加入芝士去烤炉焗。焗好后端出来，乳香扑鼻，让人食指大动。

芝士的乳香气味在中餐菜系中是极少出现的，我的味觉爱好一直有偏差，对芝士的味道有抵触情绪。但当澳门协成火锅城的芝士焗阿拉斯加蟹端出来时，其色泽和味道让我彻底妥协了。由此，这种做法也被我留在心里。

阿拉斯加蟹在汕头海鲜市场出现，我便借鉴澳门协成火锅城的做法，用潮菜的烹饪功夫重新出品。今天介绍"阿拉斯加蟹三味"给大家，寻吃时请记得还有此等做法。

阿拉斯加蟹三味

原材料： 阿拉斯加蟹 1 只约 4000 克，青葱 250 克，白膘肉 15 克，湿香菇 2 个，韭黄 15 克，伊面 500 克，鸡蛋 4 个

调配料： 川椒末、味精、胡椒粉、白糖、精盐、鱼露、麻油、湿粉水、生油均适量

阿拉斯加蟹

🍲 具体步骤：

①阿拉斯加蟹洗净，将脚斩断取出，放入蒸笼炊熟，轻拍外壳取出蟹脚肉候用，把壳整个翻盖留蟹膏候用，蟹身段斩件候用。

②第一味川椒油湿焗蟹脚肉。一、把取壳好的蟹脚肉，用干生粉穿衣式拌身，热油把它轻炸一下，让肉身收紧。二、葱茸与川椒末在鼎中热成川椒油，调入酱油、味精等调料后，把蟹脚肉回鼎轻拨让其煎香，至鼎气回升，味入蟹脚肉之中即好。

③第二味伊面炆蟹身段。一、把剁好的蟹身段用薄粉挂身，用热油浸熟捞起。二、伊面用滚水泡开后与蟹身段一起用上汤炆至入味，韭黄、湿香菇切丝炒香后，加入一起炆至入味，加入调料品调整味道即好，配浙醋。

④第三味蟹壳膏蒸水蛋。一、把蟹壳中的膏黏液取出，挑去蟹腮，蟹壳留用。二、鸡蛋加水起打至膨胀，加入蟹膏液与调味搅拌均匀，倒入蟹壳中，放入蒸笼炊熟取出，淋上用油加热后的酱油拌料，再撒上葱花即好。

任何菜肴都是无区域性的，更无国界，"你中有我，我中有你"的格局已经遍及各地，固守一方的食材不能体现饮食的交流和变化，我更愿意普天下食材大流通。

蟹，真若横行时，我还喜欢你！

朋友送来一只大肉蟹，一个大纸袋装着，肉蟹放在里面，我赶紧拍照留念。由于受捆绳之缚，一贯横行之物却也无法动弹，任由你摆布，左右摆拍，它的钳爪也只能仰身屈绕之，真实是可惜又可爱。

肉蟹在潮汕沿海一带，是常见的海鲜，在潮菜的烹饪菜肴中有清蒸、煮汤、姜炒和拆肉等。其味清鲜甘甜，营养非常丰富，含蛋白、脂肪、氨基酸和多样维生素，可补虚助气兼补钙等。因而此类肉蟹在市场上一直受到欢迎。殊不知，受欢迎程度越高的海鲜食材，就越会受到更特别的"礼遇"。譬如肉蟹，捆绑的绳子，就从原来最简单的几根稻草，升级到如今的塑胶绳。

我曾经非常生气地说，卖肉蟹者为何要如此捆绑呢？用大捆绳来增加蟹的重量，有意思吗？卖蟹者说这是市场规律决定的。你若不捆大草绳，消费者会认为你的肉蟹贵得难以接受，因此用大草绳缚之，其单价自然下降了。真不知道此等道理是从哪里来的。

闲着没事，谈谈肉蟹上的草绳是怎样演变的吧。

二十世纪六十年代，每年六、七月青肉蟹当季，捉蟹人用一种交叉竹系着一张细网的蟹弓去捉蟹。他们在蟹弓里面放上蚶壳，蚶壳内装熟糠之类来吸引肉蟹，在水涨水落时收取蟹弓，发现有肉蟹便捉住往筐里放，再拿到市场去卖，因怕购买者被蟹钳夹着，卖蟹人才用一根非常细条的稻草绳将蟹捆住。

七十年代后，市场上的生意人发觉捆稻草绳的肉蟹居然能让人

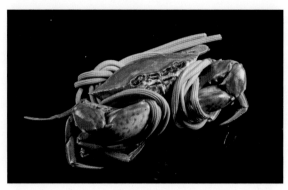

牛田洋膏蟹

接受，而且在购买时也无异议，最多只喊一句钱要算减一点，并不影响一切交易。

久之成习惯，习惯成自然，又再加多几根稻草，因而大捆稻草绳便渐渐形成了，后来成为约定俗成的捆绑模式。

八十年代，因改革开放，物资需求渐渐增强，酒楼食肆对海鲜的需求量也越来越大。肉蟹是受到青睐的食材之一，市场需求量大，就有利可图了。因而被捆大了的稻草绳有的掺沙了，生意人把重量的砝码放在草绳上而不是放在肉蟹身上了，真是可悲！

九十年代，捆蟹的稻草绳在不知不觉中被一种红塑料胶丝绳取代了。这种绳，最初是用来捆绑大红蟹的。潮汕人的仿学能力极强，马上用红塑料胶丝绳来取代稻草绳，并且加大分量来捆绑，既方便又免掉浸稻草的麻烦。

我对肉蟹，包括其他蟹类，都是爱恨交加，爱的是它肉鲜味甜甘醇，恨的是它的壳肉难取舍，咬伤牙齿刺破嘴唇才能吃到丁点蟹肉，真是有点难为。不怎么关注，自然对肉蟹的草绳类演变也就不关心，只因今天的大肉蟹才想起，借此机会把肉蟹就着姜葱给炒了。

姜葱炒肉蟹

原材料： 肉蟹 2 只约 1500 克，生姜 200 克，生葱 100 克，红辣椒 1 粒，白膘肉 50 克，上汤 100 克

调配料： 味精、鱼露、胡椒粉、湿粉水、生油均适量

具体步骤：

①肉蟹洗净，取出蟹钳拍破外壳，顺刀把一只肉蟹切成 6 块，生姜去皮切丝，生葱和辣椒也切丝，白膘肉切丝，候用。

②烧鼎热油，薯粉均匀地撒在肉蟹身上，然后放入油中热炸，不宜过火。

③沥去油后，把白肉丝放入鼎中炒至出油，加入姜丝、葱丝、辣椒丝一起炒香，然后把蟹汇入，调入味精、鱼露、胡椒粉和湿粉水勾芡即好。

特点
清鲜，姜葱味突出

姜葱炒肉蟹

闲说大闸蟹

把大闸蟹消毒后加料腌制，放入雪柜微冻后其肉身紧缩，蟹黄凝固，此时经过修剪，配上潮汕辣椒醋来品尝，一定是欲罢不能的感觉。大部分汕头人把大闸蟹这种腌制称为生腌。

潮汕人，特别是沿海一带的人，对腌制一些海鲜贝壳类情有独钟，每每消夜时，约上三五好友上大排档或食肆，都必点此类腌制，送上啤酒，送上白粥，大呼好吃。

近几年来，各路大闸蟹的信息不停刷屏，特别是介绍用十年的花雕去醉阳澄湖大闸蟹，把大闸蟹的蟹盖掀了，掰成两块，露出满满的蟹黄诱惑你，从照片上看肥油滴滴！

1984年10月底，我去香港考察饮食，从深圳罗湖过关，坐火车直奔九龙红磡火车站。接待人余锡霖先生把我们带出车站大厅，只见路面上楼宇林立，各式广告牌倚挂墙上，琳琅满目，直把我们看呆了。我被一幅阳澄湖大闸蟹天天空运到港的广告宣传牌吸引了，一只红透了的大闸蟹吸引着过往旅客。说实话，那是我第一次看到阳澄湖大闸蟹的广告，在此之前我只是从一些饮食书或杂志上了解过大闸蟹，而且在记忆中也是片言只语。

大闸蟹

当晚，接待我们的人带我们去到一家海鲜酒楼尝试了花雕酒醉虾、菊花蛇羹、人参炖石斑鱼，同时又特别要了几只阳澄湖大闸蟹让我们尝试。初次品尝，一副不知所措的表情，按照店家的指引吃法把大闸蟹吃了。当听到他介绍说每只大闸蟹的价位是 80 港元时，我顿时心里一紧，眼睛一瞪，用难以置信的眼神望着盘中的大闸蟹。

当年我的工资、奖金加起来一个月才 80 多元，这只大闸蟹是我一个月的工资！懵懵懂懂地第一次尝到了大闸蟹，什么味道，怎么吃的基本都忘了，好多次想把它从记忆深处拉回来，却拉不回。倒是想到一句"三代富贵方知饮食滋味"的名言，觉得单一次品尝大闸蟹，岂能明白其味之道理所在。

如今，各路大闸蟹闯入潮汕人的生活已经有十多年了。与其他

清蒸大闸蟹

地方一样，大闸蟹按只论两计价核算。特别是近几年来争相冠上阳
澄湖的名片，以博得顾客青睐，卖个好价钱。

　　在大潮汕各地的酒楼食肆中，除了用腌制手段来腌制大闸蟹之
外，大闸蟹的其他烹制法也相继发挥，潮菜师傅争相用最好的烹制
方法来完美演绎大闸蟹。近几年来，潮汕人学着苏、浙、上海一带
的人吃大闸蟹。原只清蒸，放上姜片、紫苏叶，再配上红糖姜茶。
吃一只大闸蟹须配上三件头、五件头的"刀枪剑戟"，而且慢挑细揭，
口中还念念有词，费掉一小时的工夫，让你大开眼界。

　　记得1993年的东海酒家，客人带来了几只大闸蟹。当时谁都
未曾烹制过，厨房传话来，问该怎么烹制为好。我不假思索地回答

说："焗，用砂锅焗，像焗豆酱鸡一样，只不过不要加入豆酱。"于是乎，在上下各一片肥白肉的覆盖下，几片姜、葱、芫荽支配，少许上汤和调料酱注入，让气体饱和贯穿整个砂锅。近20分钟的伺候，大闸蟹熟透了，收干水分，揭盖时淡淡的煎焦香味扑鼻而来。

当晚客人尝味后大加赞赏，只是说了一句玩笑话，"吃后手指还肥油着，带回家吮吧，不要浪费。"我笑笑说道，"美味与肥手指一定是共存的。"汕头市东海酒家第一次烹制大闸蟹竟然是用砂锅焗制的方式完成的，且获得好评，因而我一直记于心间。

事实上，在那个年代，大闸蟹还真的未进入潮汕人的视线，很多汕头的酒楼食肆的厨师也未曾烹制过。许多人还不知道有大闸蟹此等湖泊食材。这不奇怪，潮汕沿海的人长期以来目光只停留在海鲜虾蟹等海产品上，极少注意内地湖泊的大闸蟹以及河鲜。

如今大闸蟹的拥有量逐年增多了，开发大闸蟹的烹饪菜肴也多了，单一清蒸方式已被很多烹调法取代了。取蟹肉、蟹黄独立烹菜，大闸蟹之味就这样无限绵延下去。

"掠"薄壳

　　"早东晚北，牵罾鱼鲜薄壳。"这是一句潮汕老话，说的是在入秋时节，早晨起来感受到的是微弱的东风，而入夜后，凉丝丝的小北风扑面而来。这时节，牵罾（拖网的意思）的鱼及薄壳又肥又鲜甜。简单几个字的潮汕俗话，言简意赅地道出了烹饪食材在什么时节谓之当季。

　　薄壳，俗称"海瓜子"，学名叫"寻氏肌蛤"。贝壳类，外形像瓜子一样，有点小弯且圆身，一头偏大，一头偏小。因其壳身过于薄且易碎，所以在潮汕地区，有"薄壳"之称。

　　过去，餐厅或者饭店服务员大都文化水平偏低，鉴于薄壳的发音和潮汕人说到的"驳壳手枪"一样，所以当客人点菜说要来一份炒薄壳时，服务员会把炒薄壳写成"炒手枪"，这样曾经成为一个笑话。由此在一些排档食肆的店中，如果你发现菜单中有"炒手枪"这一菜肴，也不要觉得奇怪。

　　薄壳绝对鲜美，对潮汕人来说，这种鲜味是毋庸置疑的。每年一到薄壳季节，潮汕人都会争相尝试。如今，薄壳被迫过早上市，未到真正当季盛产之时，人们为了早一点尝鲜，便从幼小的薄壳苗吃起，虽然先吃为乐，但却未必能够品尝到真正意义上的薄壳味道。

　　我认为，这种吃法不符合中国饮食文化中"不鲜不用，不时不食"的观念。从大环境来说，任何资源过早及过量开采提取，必定影响其成长及存留。鲜薄壳也一样，它生长在潮汕沿海一带的海泥土中，幼苗到长成和收获大约需要三至四个月，所以不宜过早采摘。再加上随着沿海开发，可养殖的海边滩涂越来越少，久而久之，消失的可能性便增大。实话说，我很担心这种鲜美的物种会灭绝。

　　"掠"薄壳是一项苦差，如今肯干这一行当的人越来越少了。写到此，我突然想起年少的时候，也曾经到海边掠薄壳。十多岁时，我家住在大华路段，那时候很多家庭都会养几只鸭仔，饲料是一些粗糠和下脚菜尾。我们一群邻居兄弟偶尔会相约到老汕头飞机场尾的海滩去偷掠一小筐小薄壳仔来饲鸭。

　　背上饭簸，沿滩涂往海里走至齐腰深时，感觉到脚底泥有微刺

采收薄壳

金不换炒鲜薄壳

感，便知此处有薄壳。这时候蹲身弯腰用手在泥土底连泥带藤蔓系壳一起捞起，放在随身带的饭箕上，用力洗去泥土，让薄壳露出真身，然后带回家饲鸭仔了。

青少年的一些行为，回想起来，虽然仍觉得有趣，但是偷掠之举切不可学。这故事，只是从侧面反映出"掠薄壳"的辛苦，想必现在的年轻人不愿意去干这一行。

潮汕地区是薄壳沿海主产区，除了上文提及的海边滩涂之外，达濠、澄海盐鸿、饶平大澳等地都是产薄壳的地方。

几年前，我曾经与几位朋友到澄海区盐鸿镇品尝薄壳宴。顾名思义，宴席的出品必定以薄壳米为主。经营者每年都会抓住这当季时节，挖空心思把薄壳经营得如火如荼。他们设立薄壳节，吸引爱薄壳的人参加,纵使有争议的存在,还是应该给予这创意以正面评价。

根据薄壳宴的诱惑,我也写上几味凑热闹,分别有金不换炒薄壳、苦刺心薄壳羹、香煎薄壳米蛋、薄壳米金瓜煲、薄壳米肠粉卷、薄壳米西菜菘、黄金薄壳米饭。

烹煮鲜薄壳主要突出它的鲜味。在潮汕,常见的薄壳煮粿条、薄壳煮南瓜芋头等菜肴,其汤底是非常鲜美的。当然烹制薄壳的做法还有很多,最经典的菜式首推"金不换炒薄壳",此做法在潮汕地区可谓家喻户晓。其次便是"打薄壳米",美味自不用说,方便吃食才是王道。澄海盐鸿镇壮雄兄弟便是以"打薄壳米"作为主打生意,吸引着很多人前往,生意一路壮大。

不得不提出来的是一味咸薄壳。过去在潮汕沿海各渔村,有腌咸薄壳的习惯,作为佐食白粥的小配菜,是"杂咸"的一种。小试的时候虽然感觉咸口,却也十分美味。如今很少有人提及咸薄壳了,

薄壳制作工场

为什么要腌制咸薄壳呢？有必要说一下，以便让今后的人有一点了解，以免这一潮汕杂咸消失。

本人见解，其原因大致有以下两点：

一、过去交通不便，旺季产量过多，销售渠道不畅，积压时发觉薄壳身上带盐花，偶尔小试又感觉不错，聪明的海边人由此再加一些盐去盐渍，既可存放，也可当杂咸。

二、旧时的日子很艰苦，会有很多腌制的食材菜式，很多时候也是一个家庭的必备。薄壳可被腌制，自然也和我们平常所说所吃的其他杂咸小菜一样，省下饭钱同时又兼顾到味蕾享受。

关于咸薄壳，或许能带来一点学术上的研究？若真的有朝一日，文人雅士感兴趣了，并致力于此咸薄壳进行研讨，我将十分期待。

日月贝

突然想起它的贝壳可做日常用具……

我初遇日月贝是在少年时，在米铺看到日月贝的外壳，它一面是红色，一面是白色，米铺的人拿来舀米。食用日月贝则是在二十世纪八十年代后。一次，在同益市场口侯丁河先生的大排档上吃到过。那时候对日月贝不怎么了解，一切都是模糊的印象，真正认识日月贝的味道则是进入九十年代后。

我曾经听过老邻居罗伯讲过一个神话故事，说是天上王母娘娘生日，各路神仙前来祝贺热闹。有神仙趁机偷情，生得一怪物如圆盘，生怕被发现而惹出麻烦，便把它扔下到南海去了，此物便是我们所说的日月贝。

日月贝的生长过程很奇怪，取吃是依靠体内的一只红色小蟹仔，小红蟹仔被日月贝体内的一条丝线带系着，如寻得食物便回来。日月贝如果失去这只红蟹仔便会自然死亡，它们真是相依为命。

为什么叫日月贝呢？据说它生长在海洋，白天用红色一面吸得日光之焰，晚间则用白色一面吸取月亮之晶，真所谓吸日月之精华也。

日月贝，主要生长在中国南方海域，属于贝壳类，捕捞后取其壳内的圆柱肉为食用，肉色呈乳白色。我认为日月贝是贝壳类中的极品，蒸、炊、煮、炒都是好味道，味美至鲜，入口有清脆的感觉。潮汕地区地处中国南方海域，是日月贝的主产地，潮汕一带的海边人都把它视为盘中美味。写至此，必须分享一点日月贝的做法。

蒸粉丝日月贝

原材料： 日月贝 10 粒约 2000 克，干粉丝 100 克，蒜头 50 克，红辣椒 1 粒

调配料： 味精、酱油、胡椒粉、粉湿粉水生油均适量

具体步骤：

①用小刀把贝壳根部挑开，取出日月贝的肉，去掉肠肚，清洗干净，然后把贝肉平成 2~3 片。同时把干粉丝用温水泡开候用。

②把蒜头和红辣椒剁细粒，用生油将其轻煎一下取出，去掉蒜腥味。随之调入酱油和味精、胡椒粉、温粉水，调成一碗盖酱料。

③取贝壳一半，放上浸发好的龙口粉丝，把片好的贝肉放在粉丝上面，再把调好的盖酱料盖在日月贝肉上面，放入蒸笼炊 8 分钟，取出即好。

鲜嫩的日月贝在蒜香味的衬托下，味道一流可口，蒜头的加入可降低海水中的涩气，让鲜甜味更突出。

事实上，日月贝用来做菜的品种还有很多，"油泡日月贝"也很突出，用在爆炒、脆炸、煮汤上都有着上佳表现。而在众多潮味烹饪中，我更喜欢用日月贝肉煮成一碗海鲜粥。

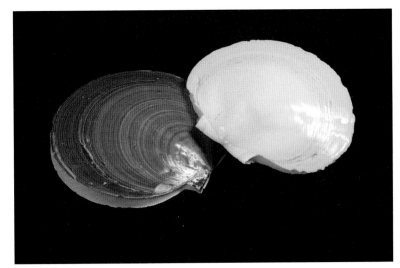

日月贝

简单介绍日月贝海鲜粥的煮法。一方面把日月贝清洗取肉，把肉平片成2～3片。一方面把米放入砂锅煮，待米粒熟透后，把日月贝肉放入砂锅，调上几片猪颈肉片，放上少许冬菜、葱花、芫荽，加点鱼露、味精、胡椒粉，再滴上几点猪油，即刻鲜味十足，甜味强烈。这是任何海鲜粥都无法比拟的。

烹虾启示录

 1985 年，我和陈佐才、刘柱志代表汕头市鮀岛宾馆去香港考察饮食。第一天晚上，港商总经理余绍森先生的大儿子带我们去一家叫福满楼的酒楼吃饭，点了几样港式菜肴让我们品尝。使我一直念念不忘的，是其中一味叫"醉虾"的菜品。

 酒楼的服务员当着我们的面演示了加工过程：花雕酒 1 瓶，活基围虾 500 克，蘸虾酱料每人各 1 碟。操作过程非常简单，先把活虾放入玻璃锅内，注入花雕酒，以淹至虾身最为合适。20 分钟后，活蹦乱跳的虾渐渐醉了。又取砂锅一只，放在堂灼车上，煮开白开水（不能用上汤），姜两片、葱两条，加上少许盐，然后把醉过的基围虾投入滚水中焯热。这便大功告成。

 品尝菜肴时，最忘不了的是酱碟，"醉虾"再醉下去也无非是酒气冲天而已，如果没有酱碟的配合，便会失去它最完美的所谓"醉"字。回来后我一直思考酱碟蘸料的做法，觉得有必要把蘸虾酱料的调制方法介绍出来。

 将蒜头切细粒，辣椒改碎，芫荽剁碎放入碗内，生油烧热淋入蒜头粒内，再注入味极鲜酱油、蚝油、味精、白糖，搅拌均匀即成。

醉虾

　　饮食天地宽。香港福满楼的"醉虾"的做法，掀起了我对虾在菜肴里的认知。此后出现的各种虾的做法，如"火焰醉虾""竹蔗炸虾""香煎虾碌""番茄汁虾碌""椒盐南美白对虾"等，尽管不知属于什么菜系，但口味丰富，我想想都醉了。

　　那么，潮菜对虾类的加工制作有哪些品种呢？

　　潮菜烹饪大师蔡福强师傅曾经用大明虾做菜，通过去头、剥壳、留尾，用刀从虾背中间平开去掉虾肠，再用平刀轻轻拍开，让虾肉舒展开来，形成扇形，通过腌制，挂上蛋浆糊后，再撒上幼粒的面包糠。用干净的油热炸，呈金黄色时捞起。一把虾扇有如公主扇展于眼前，让大家称奇。

虾在潮州菜中也是无孔不入，无限展现着。从虾皮至大虾，从琵琶虾至大龙虾，从剥壳留肉的加工至原只装的烹制，虾的无尽魅力淋漓尽致地展现在大家面前。

粤菜把虾去壳留肉拍成虾胶取名"百花"，在酿合和搭配其他食材上，是做得让谁都佩服的。鲜虾饺、云吞饺、白兔饺、四喜饺等都离不开虾胶。

不少潮菜的制作同样离不开虾胶，如酿百花鱼鳔、酿百花鸡、酿金鲤虾、酿王瓜等。至于虾在配以其他辅料和调料品上，所呈现的菜肴就更多了，诸如油泡大明虾、炒黑椒虾球、芝士焗大虾、炊蒜蓉大虾、焗豉油王大虾、清上汤虾丸、传统干炸虾枣、炸凤尾虾、炸寸金虾卷、炸家乡虾饼等。

在潮式汤饺和煎饺中，云吞饺和北方饺子中所用的食材都会用到鲜虾。鲜虾做菜的实例真是无穷尽。

既然写潮菜，那必须有菜名，有了菜名，则必须有制作的介绍。以下是两款以虾为材料制作的菜肴，跟大家分享。

酿百花鸡

原材料： 光鸡1只600克，鲜虾仁300克，马蹄50克，白肉50克，湿香菇2个，红辣椒1粒，芹菜4条，姜2片，葱2条，鸡蛋2个

调配料： 味精、盐、胡椒粉均适量，配合彩盘雕花件若干

具体步骤：

①将光鸡洗净后擦干水分，起肉去骨，把鸡肉平片成两大片。轻刀在鸡肉上放花刀，让其收缩时不会产生卷力，再用姜、葱、味精、盐、胡椒粉腌制 20 分钟。

②鲜虾仁洗净沥干水分，在干净的砧板上轻拍成虾泥，放入器皿，加点盐、味精、鸡蛋清，用竹筷用力搅拌成虾胶状。

③马蹄切细，白肉切细粒，拌入虾胶中搅匀候用，辣椒切幼粒，芹菜和湿香菇同样切幼粒候用。

④将腌制好的鸡肉平铺在盘中，虾胶覆盖在鸡肉上，用拌刀抹平面再将辣椒、芹菜、湿香菇粒撒在虾胶上面形成花色面。入蒸笼炊 10 分钟取出，切日字块，平放于彩花盘上，淋上原汁玻璃糊即好。

特点

嫩滑的鸡肉和有弹性的虾胶融合，彩盘的花头伴于百花胶，图案美丽，充满食欲

玫油王焗大虾

豉油王焗大虾

🍲 **原材料：** 大花虾 12 只约 1600 克，白膘肉 15 克，葱 25 克

🧂 **调配料：** 草菇酱油、味精、胡椒粉、川椒末、白糖、麻油各少许，湿芡粉、生油均适量

🍳 **具体步骤：**

①虾开刀去肠洗净候用，葱切末，白膘肉和少许葱再剁烂。

②烧鼎热油，虾抹上酱油上色后撒上干芡粉，放入油里炸至皮脆肉熟捞起。油去掉后把剁烂的葱花放在鼎底煎香，加入川椒末、酱油、味精、胡椒粉、白糖、湿芡粉，调成酱香型的糊汁料。

③再把热炸好的虾放入酱香糊汁里快速翻炒，让虾在入汁后迅速收干糊汁，即好。

特点
酱油在葱花的衬托下香溢四起，裹紧虾的身段，绝对会彻底掀翻所有的味道

齐白石老先生是一代著名画家，画虾是他的个人标签。他笔下的虾活灵活现，犹如悠游在池塘溪河里，遨游在大江大海中。特别是那种带两只小钳的河虾，他画得更是神似如影，让人追捧着，喜欢着。

翻开虾的家族谱，种类繁多得让我眼花缭乱，数也数不清，叫也叫不出的名字。也罢，不管了，暂时把它们分成两大类吧：一类生活在江河中，统称河虾。一类生活在大海中，称之为海虾。

我们今天想说的明虾（对虾），便是众多海虾中的一种。我曾经仔细观察过明虾的曲张游水，它在水里虾体透明，有一点晶莹剔透，大概这就是它被称为明虾的原因吧。

明虾主要产季是每年农历九、十月，此时捕捞明虾，产量极大，体积也大，每斤大约都在5尾（只）左右。沿海渔民会根据捕捞量，安排一部分日晒，并且选用一部分两两对称而插，晒干后成虾脯，一对对，极度好看，大家便称之为"对虾"了。

说到虾脯，我想起了名菜"冬瓜扣明虾"。它选用的食材便是对虾脯。这道菜应该是潮菜古早味，环顾各家食肆，如今已经不见烹制了，或许已被遗忘。思索下，我觉得应该把它的做法写出来，你学不学都没所谓，能留下便是意义。

冬瓜扣明虾

原材料： 对虾脯6只约400克，冬瓜2000克，湿香菇4个，大粒元贝1粒，芹菜25克，上汤400克

调配料： 味精3克，精盐5克，胡椒粉3克，麻油5克，湿粉水5克，鸡油15克

具体步骤：

①对虾脯用湿水浸泡后，剥去外壳，用刀切成两片。

②冬瓜刨去外皮，去掉瓜瓤，修成半圆，和对虾片形成对应状。然后横切两片相连，能夹住虾脯为宜，同时用滚水烫软，漂凉。芹菜烫熟后切粒，一同候用。

③把虾片放入冬瓜夹中，可以用竹签穿紧实，顺势摆放入大碗公内，放入蒸笼蒸5分钟后取出，把竹签去掉，重新摆回到大碗公，中间放入元贝和香菇，注入上汤，重新放入蒸笼蒸20分钟。

④取出后滗出原汁，把冬瓜明虾反转扣出，然后把滗出的原汁调入味精、精盐、胡椒粉和鸡油，勾芡后淋到冬瓜明虾上，撒上芹菜粒即成。

特点
品相好看，有形式感，脯香味强烈

白虾钓狗母

　　"白虾钓狗母"这句话，不知道在什么年代出现，难以考证。按照字面上的意思理解，应该有"以小博大"之意，或许带贬义，包含着一点鄙视。

　　当然，汕头人有可能从另外一个角度去分析，"白虾钓狗母"也可能是指得不偿失。

　　在我对海虾群类的认知中，白虾在过去应该是一类比较差的虾，主要生活于夏季至秋季近海域的礁石缝上，产量不是特别多。我们都是在早、晚看到撑着小船的渔民，把收获到的一点小白虾仔拿出

狗母鱼

去卖，主要卖给一些低收入者和垂钓者。

白虾在个头上普遍细小，白色身段兼着虾须长和硬壳，含肉量少，因而被准确无误地称为白虾仔。在细心品味下，白虾仔的肉质鲜味比较突出。白灼后，轻轻剥去外壳，露出一点带红的肉，还是挺诱人的。如今有人把小白虾撒上一撮粉，油炸后，用椒盐搅拌均匀，佐酒极佳。

狗母仔鱼，又叫海豆仁，虽然个体不大，鱼身却圆滚饱满，在烹调上用干炸的方式最好，调上适量的椒盐粉或者酱油、酸梅汁，香气一定蹿鼻腔。如碰到狗母仔鱼怀春的时候，香气更是诱人。

从对比度上，狗母仔鱼的价值一定优于白虾仔，所以白虾仔才被汕头人拿去作为钓鱼的诱饵。或许是人们去垂钓的时候，并不单纯想要钓狗母仔一类的小鱼，只不过是每次钓起来的总是狗母仔鱼，所以才有这么一句"白虾钓狗母"的现实句子。

天地轮回，物换星移，随着人类对美食的需求不断变换，许多生物的价值轮流坐大。比如佃鱼，在过去处于低微和底层的位置，如今受到厨师的重视，把它烹调得多样性了，味道上也发挥得淋漓尽致，让它从底层脱颖而出，也超过许多鱼类的价值。再如过去白虾仔在价值上一直低于狗母鱼仔，如今也是受到重视，远远超过狗母鱼仔。

首先是捕掠狗母鱼仔已经无须白虾仔去作为诱饵了，也有可能是人们对野生沙虾之类的需求增大，而养殖的虾类品级上和野生沙虾有差别，人们对虾的饮食品位提高了，认为白虾的鲜甜度比养殖的虾高，价位上自然而然超过了狗母鱼仔，也是合理的。

真是"三十年河东，三十年河西"，"白虾钓狗母"这一句话在流传上，已经超出本质上的意义，人们对它的解读就不同了。

燕窝

二十世纪八十年代中期，听朋友讲了一个故事，说汕头市早期有一位富商，在临终前从"家藏"中拿出三件宝贝：一株吉林深山十八叶老人参、一个本港老金钱鳖鱼胶和一个泰国康屿山老燕窝原盏。宝贝分别送给兄弟三人，以作留念。

故事中说道，野山人参产于吉林深山，在原始山林寻找人参的难度比较大。采参人都是选择夜间在深山中游走，随身带着防身刀和可射击的弓箭。当他们发现前面有发出银光点的地方，不管多远，都会依着光点射出箭，然后回到驻地休息。等天亮再去寻找，根据箭所在的地方，再细心找出人参的最终位置，原来能发出闪闪银光的是人参的叶。传说中的人参最多为十八叶，是最好的一株，不知是否如此，姑且当作一种传说吧。

至于金钱鳖鱼胶也有太多传说了，我在这里便不多说了。今天想说一说泰国康屿山的野生燕窝，它为什么一直受追捧。

首先，能让金丝燕子聚集的地方，必是倚山临海的岛屿，金丝燕子飞翔于海空觅食海上生物，栖息在岛上山顶洞内的绝壁悬崖上。它为了下一代倾尽全力筑巢，把自己的营养蛋白用唾液的形式吐出，

燕盏

以修筑巢居。当人们发现燕窝有相当高的营养价值，就注定它们必须付出代价。泰国康屿山的野生燕窝就因为收藏价值和食用价值而传下来，可见老富商家藏的野生燕窝是多么用心了。

　　其次，燕窝的主要来源是金丝燕子的唾液，野生燕窝具有丰富的营养价值，蛋白含量很高又没脂肪，且含有很多微量元素，如氨基酸、铁、钙、钾等，有利于体弱病虚的人养身体，特别是对肺部、呼吸道的滋润更是显著，所以它受到最高礼遇是必然的。

　　再者，采集燕窝是一项苦差事，要到有山有海的地方去寻找，特别是到深山里的山洞内的悬崖绝壁上采集，其危险程度绝不亚于任何户外作业，所以它的劳动价值也非常高。

　　其实燕窝的发现和产地还有很多，下面先说一个小故事。

　　明朝郑和率众手下到西洋去，路经印尼国，印尼国人请其吃饭。初试燕窝，有不错的感觉，特别是在恢复体力上。回国的时候，他便带了一些献给皇帝爷，御厨烹制出好味道，皇帝爷十分喜欢，自此以后印尼国每年都有一些燕窝进贡，这应是燕窝第一次输入中国吧。而燕窝贡品只有朝廷上一级官员才拥有，由此被称为"官燕"。

二十世纪七十年代中期，物资匮乏，许多食材都难得一见。有一天，我的师父罗荣元专程到大华饭店找我，悄悄地让我晚上到他家去。那一夜，他在家里拿出了一片燕盏，认真严肃地告诉我，这就是燕窝。我当时目瞪口呆，这就是燕窝，传说中的燕窝！因为那时候几乎不可能有这种高级食材出现，对我来讲，这是一种莫大的见识。

我们师兄弟聚集的时候，都会谈论一些潮菜品种，大家会说到各种食材的地位、做法及营养价值，强调燕、翅、鲍、参、肚在烹饪材料中始终都是占领前列位置，特别是燕窝更是首位出选。蟹黄燕窝、三丝官燕、冰糖燕窝、杏仁燕窝等燕窝品种，也是过去年代里的著名菜肴。

进入二十世纪八十年代后，世界上的食材往来渠道被打通了。1985年，我到香港考察饮食，住在德辅道西兴利大厦十一楼，而楼下整条道路的两边，居然都是摆满燕窝、鱼翅、鲍鱼、元贝、花胶的海味干货店。那时候，那里的海味店灯火通明，气氛热烈，橱窗中琳琅满目，特别是各种燕窝类别：毛坯燕窝、拣净无毛燕窝、岩石血盏燕窝、深山洞燕窝、印尼厝屋燕窝……当这些燕窝出现在眼前时，我顿觉眼花缭乱。这里的燕窝产地遍及泰国、印尼、马来西亚、越南、柬埔寨等国家。让你更惊讶的是，越南会安燕窝的品味和质量居然排在各地燕窝之首。

我咨询了资深的燕窝专家黄先生，黄先生也是潮汕人，在香港经营燕窝已经几十年了。他操着一口纯正的潮阳口音说："都说泰国的山燕不错，其实也真的不错，特别是康屿山。然而比起越南会安燕窝，还是稍为差些。"黄先生跟我说，会安是位于越南中部广南省，靠近北部湾的一个城市。这里居住着大量华人。城市依山靠海，独特的地理环境使其成为金丝燕聚居的地方，这里的燕窝质地特别厚盏肥实，然而产量却不多。

越南会安燕窝，特点是赤色厚身，燕盏的身形比任何其他燕盏都饱满，比较耐炖，味道上有纯纯的蛋清香气，入嘴口感柔顺软黏，特别舒服。它的价值不菲，按照潮菜的品位和感受，此等燕窝在过去真的是富人家的奢侈品。

如今时代进步了，印尼居然能开发南太平洋众岛屿，让资源尽显效果，得到发挥。当地各公司出资出力吸引养殖金丝燕，一时间厝屋燕窝产量攀升，充斥市场，影响销路，高位价普遍下跌。虽然很多人吃不起会安燕窝，然而下跌了的印尼燕窝还是值得一试的。

不管燕窝的价位如何，既然写燕窝的事，那必然要写出几种燕窝的烹制法，与大家共赏。潮菜中的燕窝品种可甜可咸，这要根据客人的喜好而烹，所以先从甜食燕窝写起吧。甜食燕窝品种有冰糖燕窝、杏仁燕窝、芋泥燕窝、糯米陈皮燕窝等。

糯米陈皮燕窝

原材料： 水发好燕盏 200 克，糯米 100 克，鲜陈皮 10 克，冰糖 150 克或酌量

具体步骤：

①鲜橙皮去掉白瓤膜后切幼丝候用。

②把糯米洗净放入砂锅加水煮沸，然后加鲜陈皮丝转中火滚至熟透，投入冰糖融化，再加入发好的燕窝搅拌均匀。（沸开即好，注意搅动，以免粘锅）。这是一款清甜爽口的甜燕窝粥，操作上也很方便，适宜在家庭操作，不妨一试。

咸食的燕窝品种有鸽子吞燕窝、酿竹荪燕窝、蟹肉扒燕窝、鸡茸烩燕窝、火腿燕窝球、灌汤石榴燕窝、炒芙蓉燕窝等。

鸡茸烩燕窝

原材料： 水发好燕窝300克，鸡胸肉200克，生肉皮1张，上汤100克，鸡蛋清2份，鸡油50克

调配料： 芹菜50克，火腿末25克，味精3克，精盐5克或适量

具体步骤：

①将水发好燕盏分成6份放入炖盅，加少许上汤，封盖后入蒸笼20分钟。

②肉皮放在砧板上面，用刀轻轻刮去面上的膪脂，然后把鸡胸肉放在肉皮上面用刀轻轻剁成鸡茸。

③取干净的砂锅或鼎，倒入上汤用慢火煮，然后勾一点芡糊，将剁好的鸡茸用清水化开后倒入上汤中，用勺子慢慢搅和开来。注入调味，再用蛋清勾芡。如果比较涩口，则再勾一点粉水，要注意加入鸡油以增加香气，使口感更加顺滑，然后把调好的鸡茸分成6份淋在燕窝上面即好。上席时再配上芹菜粒和火腿末。

那么，该如何涨发带毛燕窝？先将带毛的干燕盏用温水浸泡一下，待燕盏软身，用手轻轻清洗掉微细的沙泥灰等杂质，再换清水浸泡 30 分钟。然后，当燕盏整个松软后，轻轻地用镊子挑掉残余的鸟毛，然后换清水浸泡，等燕盏身膨胀湿透，遂将燕盏用手撕成条状，再用温开水浸泡，让其膨胀，即完成泡发过程。这个过程须费几个小时。

如何涨发不带毛的燕窝？一是将干身燕盏用清水先行浸泡 20 分钟，待其回软后，换清温水，让其浸泡 40 分钟，直至感觉燕盏湿透、回软，略为膨胀。二是燕盏去掉水，换上 70℃ 的水，此时燕盏通过温水，达到完全膨胀的最大限度便好。

此外，须学会分辨燕盏本身的质量，要不然会受到欺骗。我曾经跟一家供应商在谈论市面上燕窝的质量问题，一致认为，目前燕窝店的燕窝主要来源于印尼、泰国、越南。

燕盏晒干了运输途中容易断裂、破碎而影响盏形，因而他们都是通过雾化水分到燕盏中去，让其软化不碎不裂。然而供应商却不重新晒干，直接售卖给消费者，故这些燕窝的水分含量是难以判断的。

另者，燕盏的好坏还要看其加工过程的盏形。盏形有厚薄之分，盏形脚头如果含碎燕过多，就会偏厚，其质量会相对差一些。

鲍鱼营养均衡

日本我没去过，也不想去，原因是多方面的，不过作为饮食人，他们的食材是值得我们去寻味的。

比如同一海域的鲍鱼，他们能做出让世界望尘莫及的干鲍，你不服气吗？

我在学厨的时候，师父罗荣元说过，日本的青州干鲍比较好，但我至今还未见过。真正见过日本干鲍是在二十世纪八十年代中期，我作为汕头市鮀岛宾馆的代表被派去香港考察饮食的时候，在香港西环一带（即德辅道西路等各个门店上），第一次领略日本干鲍鱼的风采。德辅道西一带海味干货店的橱窗里尽是高级食材，柜台上鱼翅、燕窝、花胶、海参、鲍鱼等不胜枚举。那时候的我们宛如从一个狭隘的饮食天地跃至另一个宽阔的饮食天地。

后来的日子里，有关干鲍鱼的说法也渐渐多了。特别是香港鲍鱼王杨贯一先生的鲍鱼一粒多少钱，说出来会吓你一跳，从几百元一粒到上千元一粒，甚至上万元的都有。

杨贯一先生烹制的鲍鱼味道甘醇，口感柔韧带弹，日晒后紫外线带来的气息，使鲍鱼具有独特的脯味香气，是任何干货都难以媲

干鲍

美的。因此，坐落在铜锣湾的阿一鲍鱼店成为富人经常光顾的食肆，许多达官贵人到香港后必定到此店品尝干鲍鱼。

　　杨贯一先生也曾经为国家领导人制作过高级的干鲍鱼，粒粒皆溏心，出品让很多人仰望。时至今日，他烹制的鲍鱼在世界餐饮舞台上依然精彩。

　　国际市场流通的干鲍鱼，主要来自日本、南非、中东、澳大利亚。若论干鲍鱼的质量，吉品、窝麻、网鲍这三大类日本干鲍鱼，绝对是统领干鲍鱼界的顶尖品级。

　　吉品鲍，主产于日本岩手县，个头不大但身厚体实，晒制时习惯中间系带，因而留下痕迹，这是他们独有的晒制方式。吉品鲍粒粒双沿边，柔软中带弹，纯洁的年糕色泽有如溏心，充满诱惑。

　　窝麻鲍，在个头上偏细小，双沿花边形，深度年糕色泽，柔软性突出但不黏口，在香港它最受年长者的喜好。

网鲍，日本福岛和千叶都有，它的个头大，大粒能至一斤以上，不管单双边都呈现出厚体肥身、薄面宽腰。它弹牙感强烈，横切时网状表现强烈，故被称为网鲍。它的最大特点是豪气的体态性格，年轻的富豪更需要它来突显豪爽的性格，它受欢迎的程度不亚于任何鲍鱼。

中国产的干鲍鱼应该也有，只是数量和品种少而且级别上稍微差些，因而在市场上流通相对比较少。

目前在中国食材流通市场上，经常看到的还是鲜活鲍鱼，有相当一部分是从澳大利亚和新西兰进口的。澳大利亚和新西兰的活鲍鱼在个体肉质上比较紧实，如果用在清炒鲜芦笋上，能带来鲜、嫩、弹、脆、甘、甜的体验。

更多的活鲍鱼是中国沿海养殖的，个头大小不一，肉质松软不够紧实，口感稍为差些，然而它弥补了我国海鲜市场上的一大需求。

记得二十世纪九十年代中期，辽宁省大连市的活鲍鱼曾经风靡全国，特别是在潮汕市场上，每天都有活鲍鱼从大连空运过来。大连活鲍鱼口感甘甜鲜美，有嚼劲和弹脆之感，又有鲜嫩之味，可以整只鲍鱼带壳蒸，可以去壳起肉平片炒，也可原只炖、炆、焗，有着比较广泛的烹制用途，如果操作得当，大连鲍鱼的味道将能得到充分发挥。

我们当时还不曾烹制干鲍鱼，借用鲍鱼王杨贯一老先生烹制干鲍鱼的原理，用鲜活的大连鲍鱼灌入浓汤，调入味料把它焗成浓汤鲜鲍鱼，效果甚佳。后来很多人纷纷模仿，一时间鲍鱼被卖贵了。说到此，先将焗浓汤鲜鲍鱼的方法写出来，让大家也享受烹制的乐趣。

鲍鱼苗

大连鲍

浓汤焗大连鲍

原材料：活大连鲍12只（每只200克），浓上汤1000克，赤肉500克，光鸡1只，肉皮500克，生姜3片，生葱3条，青蒜仔3条，生辣椒2粒，芫荽2株

调配料：味精、酱油、白糖、麻油、鸡油均适量

具体步骤：

①将大连鲍鱼洗净起肉去壳，洗净后放入锅内注入浓上汤。

②同时把赤肉、光鸡、肉皮改成粗块，用滚水焯后洗净，放入锅内。倒入上汤后，再把姜、辣椒、青蒜、芫荽投入，再调上酱油、白糖、味精，如水量不到位再加水进去，以盖过食材为准。

③猛火烧沸后转慢火炖40分钟，或至鲍鱼软身为好。起锅时去掉肉渣和杂料，收紧汤汁让其粘身，出锅时呈金黄色，浓香入味，口感上软柔带弹。

干鲍鱼、活鲍鱼都是很多人喜爱的食材，它高贵、品相好，而且有着多种级别和口味，营养丰富，是任何海鲜食材无法比拟的。

有趣的蚝事

　　著名的西天巷蚝烙不知道喧嚣了多少年了，曾经响彻汕头市的任何角落，人们都说它好吃，但你尝过吗？事实上，包括我在内的很多人都未曾品尝过，有的人甚至连它在何处都不知道，但它在过去却是汕头人引以为傲的吃事之一。一段时间内，有很多人打着西天巷蚝烙这张老牌的旗号，或者自称是西天巷蚝烙的后人，把一摊香煎蚝烙的牌子变得复杂化了。然而我清楚地记得，当年学厨快结束时，汕头市饮食服务公司要求学员们必须掌握一些地方风味小吃的烹制过程，其中包括煎蚝烙和水晶粿（无米粿）。

　　林木坤、杨老四是当年主持飘香小食店煎蚝烙的师傅，传说他们和胡锦兴师傅曾经都是西天巷蚝烙的烹制者，各属于私人摊档。进入大国营前是公私合营，饮食服务公司为了将这些散于街头巷尾的摊档合为一体，故成立了飘香小食店和新兴餐室。胡锦兴师傅便到新兴餐室主持煎蚝烙。

　　香煎蚝烙或者叫厚勝蚝烙，就在这种体制下被安排入室经营了。记得当年林木坤师傅在教我们煎蚝烙时，要求蚝珠一定大小均匀，搭配的粉水稀稠一定也要均匀，混合搅拌时把葱珠带上，也一定要

香煎蚝烙

均匀，上蛋液时一定要用铁勺把它抹平，让它均匀。他的要求是火候均匀，厚䏻慢煎，外酥内嫩，上碟时撒上胡椒粉，跟碟配上鱼露。

当年新兴餐室的蚝烙是不是西天巷蚝烙的延续呢？后来我才弄明白，真正代表西天巷蚝烙的业主还是胡锦兴师傅，在那个年代，他也因为西天巷蚝烙，差点被定为资方代表，后经多次复审，终定为小商贩。

再回忆点旧事。一个夜晚，十一点多了，汕头市标准餐室服务员陈朝香女士在二楼送菜窗口往楼下厨房喊话，说客人要吃蚝。厨房值班师傅方展升师傅随口回话："蚝哩无，存支蚝撬。"惹得一片笑声。当年的故事主角，方展升师傅已经归仙了，朝香女士也已经老了，但是，蚝的故事一直被我记下来。冲着"蚝撬"故事的发生地是标准餐室，就说上几个用鲜蚝去做菜的"蚝事"吧。

炒蚝蛋，一道蚝鲜美、蛋松香的菜肴，一直被列在标准餐室的菜肴出品中，这可与香煎蚝烙有着不同的做法。当年，我问李锦孝师傅，为什么叫炒蚝蛋呢？他说酒楼食肆在区分煎蚝烙和炒蚝蛋应该是看火候和材料比例。他说，煎蚝烙主要是粉与蚝的比例均匀，蛋少量，需要厚朥和慢火煎烙着。炒蚝蛋则主要是蚝多、粉少、蛋多、火候强，需要快速翻炒。

初汤腌蚝，一味生腌的海鲜产品，很多客人选择到标准餐室用餐，都希望厨房师傅为他们腌制一味初汤生蚝。其实这是一道生吃鲜蚝，选择刚撬开的新鲜蚝珠，腌料上选用鱼露、味精、辣椒酱、芫荽，吃时再搭配一点辣椒醋。有点咸辣，在鲜味下绝对鲜甜无比。

烹调技术性要求相对强一些的，要算脆浆炸大蚝这一款菜肴。当年我们在学习炸大蚝时，脆浆的面糊都要自己调，要达到膨胀和酥脆，把控的难度相当大。不像今天，市场上有调好的脆浆粉，买回来用水一冲，手一和，浆糊即成。关键的技术要领是大蚝一定要先腌制入味。

还是简单说一下罗荣元师傅传授给我们的炸大蚝的做法。

炸大蚝

原材料： 大蚝、面粉适量

调配料： 姜粒、葱粒、川椒末、胡椒粉、味精、盐、酒适量

具体步骤：

①用滚水把大蚝浸焯一下，捞起沥干水分。

②用姜粒、葱粒、川椒末、胡椒粉、味精、盐、酒拌入腌制。

③放入鼎内炸至金黄。注意入炸前再把腌制后出水的大蚝沥干，让大蚝的挂浆粘紧包身，炸出来外观也会比较完美。

炸大蚝

拍紫菜

　　人生有点回忆是比较好的，一方面说明你的人生经历中有故事，一方面说明你的记忆力还未减退。

　　汕头市出海口处，有一独立于海中的小海岛，叫妈屿岛，如今已被海湾大桥飞架南北连接在一起。海湾大桥的一部分桥墩停留在岛的中间，支撑着整座大桥跨越。引桥部分也连接到妈屿岛，让岛内外的人出入方便。然而，妈屿岛由此不再属于独立海岛。

　　妈屿岛曾经是很多潮汕人过番时必须朝拜的地方，也是很多讨海人经常朝拜的地方，他们都希望得到妈祖的保佑，平安归来。

　　有很多人是不能理解的，二十世纪七十年代初期之前，妈屿岛在汕头市的地理位置上，属于海域边防前线，曾经驻过部队，尽管岛上有居民，但它一直是禁区。那时候汕头市人及外地人要到妈屿岛去，是需要坐船和到驻岛边防派出所报告的，来岛何事、寻找何人、何时离岛，时间都得登记明确，可谓严管地。

　　严管之地，自然生态就不曾被破坏，小泳场的浅海水沙滩，细微的幼沙在海底平滑数里，戏水游泳非常舒服，极尽享乐！岛上海鲜资源丰富，一些日常的鱼、虾、蟹遍海皆是，好味连连。

　　记得是 1974 年 7 月，我认识了行驶电船的妈屿岛人许世雄先生，是他首先把我、表弟和蔡培龙、魏志伟等人带上妈屿岛，同时也让我们认识了其他几位妈屿岛居民。其中有一位是捕掠海鱼的渔民，花名叫"龅齿"，另一位花名叫"乳傻"，后来也跟他们有一段时间经常来往。

　　有一次，"乳傻"先生送给我几小饼紫菜，形状比其他地方的紫菜要细小块和扁薄身，但紫黑的光亮度要比其他的强，非常漂亮。他说紫菜是从妈屿岛周边礁石上面的海苔中捏出来的，特别稀少，比野生还野生，由此我近距离接触了最野生的紫菜。

　　妈屿岛有野生紫菜，对今天的人来说，简直难以置信，但在过去却是真的，只是量非常少。要不然为什么他会说"捏紫菜"的，其实很多地方都叫"打紫菜"。

　　野生紫菜真的好吃，细腻的手法在礁石上有选择性地捏出好的紫菜，清脆鲜甜，海水韵味厚重。"捏紫菜"也是我曾经吃过的所有紫菜中最好吃的一次，至今难忘。

　　紫菜,过去潮汕沿海的海域一带普遍都会出现，它们长在礁石上，可算为野生。产量多少是要根据海域的礁石多少和海水的稳定性而定的。后来有了养殖紫菜，产量好坏也要根据气候，因而人们在选择养殖紫菜时更注重选择海域水质的稳定性。目前在沿海顺着海丰、陆丰往惠来方向行走至潮阳、澄海、饶平、诏安、漳浦、东山一带，都有紫菜养殖的。

　　若要论紫菜品味感觉，本人更倾向澄海区莱芜紫菜和南澳海域所养殖的头水紫菜最佳，它的叶饱满粗壮，味鲜弹脆强。

　　潮汕人吃紫菜有一个习惯，手持着紫菜，往炭火炉上面烘焙，不停翻转着，让紫菜在温热之中慢慢收缩变硬，由此轻飘出一种海藻的鲜味，气韵极其舒服。

野生紫菜

此时用手指轻轻地拍着紫菜，瞬间会自然地掉下一些沙子。原来野生的紫菜都是从礁石上面打来的，多少都会含带一些沙子，晒干后又很难去掉，民间用烘焙去掉沙子是最佳办法。同时烘焙后，紫菜也变得自然酥脆，直接就可以吃了，手撕一点，放在嘴里慢慢咬嚼，鲜味即现。

现在的人都会认为这是一种最原始的烹调手段和吃法。但是我更认为这是人们的智慧表现，是去沙的最佳方法。

1984年10月，我第一次去香港考察饮食，接待人带我们到美心集团属下一家餐厅吃饭，品尝不同的港粤潮菜风味。点菜时我要了富贵石榴鸡、蟹肉扒豆苗和炸紫菜虾卷，想了解他们的不同做法。味道上各有千秋，比较突出的还是炸紫菜虾卷，红的弹脆的虾胶被

晒紫菜

黑金的紫菜包着，外面有酥脆的感觉，却是另有　番风味。

　　香港西环有一家四洲公司，是潮汕人创办的，老板是戴德丰先生。他们出品了一味即食紫菜，汕头人习惯叫它四洲紫菜。四洲紫菜，小包装，用手一撕，即刻能闻到紫菜的香气，放入嘴中轻嚼，口感薄脆鲜甜，海韵之味特强烈。而且还是礼盒装，方便送人。

　　以前我对紫菜的认识不深，觉得它只能煮汤而已，什么蚝仔紫菜汤、鱼丸紫菜汤、虾丸紫菜之类。如今竟被开发成为零食，潮汕人真的厉害。

　　随着时间的推移，紫菜的烹饪方法也慢慢进化和多样化了，多少也有一些品味可以让我们欣赏。紫菜除了做成汤菜之外，炒、炸、煲、卷等烹调手法都已介入了。比如用卷煎法，除了用虾胶之外，鸡肉茸、鱼泥、墨斗泥等都是可以和紫菜共舞的食材，能烹出好多好多菜肴。

钓鱼台国宾馆晚宴

1995 年 8 月，钓鱼台国宾馆 10 号楼，宽敞明亮的厅堂，我和一群朋友有幸被邀请到这里品尝一次国家级的出品。这是一幢独立二层结构的建筑，无围墙的单幢别墅，很宽很大。听人介绍说，这里面曾经有过许多重要接待活动。总之，在感觉上神秘也神奇。

我当时有点兴奋，突然间，我也能在此高等的地方和朋友们享受一顿完美的国级晚宴，真是匪夷所思。

在一段时间内，我试着用各种理由去分析，是什么原因让我们这些小字辈能到此参加宴会？最大的理由应该是改革开放吧。

不是吗？连钓鱼台国宾馆都能让普通人到里面去了。高深莫测的地方也能露一下，让国人窥视。特别是里面的味道气息也能让人们品尝，真是不简单。

那一夜，钓鱼台国宾馆的餐台是用长条形桌椅布置成的，我们 16 人相对而座，大家在笑谈中品尝餐前四小碟、四点心、四冷荤和四甜品，真正的主菜在后面。

在未去之前，大家都猜着这里出品究竟如何，都是怀着兴奋兼忐忑的心情而来。一切菜肴都是按照预定的人数安排，无点菜过程。

　　闲时回顾一下，总觉得挺有意思。综观那一夜的菜式，倒是不错，特别是主菜。出品中很多跟外面近似，质量和档次基本都一样。比如佛跳墙、芙蓉鲍片、生炊鲳鱼，和外面的出品无差异。食材上也基本没什么特别，但是放在钓鱼台国宾馆中便觉得娇贵和神奇。

　　让我觉得新奇的，反倒是一味西餐酥皮洋葱汤，让我一直闹心。为什么这么说呢？西餐的品种套用在中餐上，你不觉奇怪吗？当年钓鱼台国宾馆的厨师的出品，是你理解不透的。他们站的高度可能视野空旷，能领会通过调换食材来变换不同口味，烹调无区域无国界，将是他们永远前进的动力。

　　酥皮洋葱汤是非常可口的，虽无潮菜那种清甘如澈、底可见物，但是酥皮的脆粉和清甘如露的汤汁，加上洋葱的鲜嫩甜味，当汤匙穿透酥皮时，有如汕头的朥渣粿掉进肉汤一样，香汁四溢，扑香蹿鼻。

　　主菜中出现了一道宫保鸡丁时，你一定会瞪眼伸舌求一试。这是一个经过多次演变才成为宫廷名菜肴的。一经查实，它的出身是山东，属鲁菜系原创，后来经由贵州、四川发扬光大。他们调以辣椒、黄瓜食材形成一体，表现出了鸡肉的鲜嫩，花生的香脆，黄瓜增色而甘甜，红辣椒参与其中的那种小辣又不辣的强烈表现能让你领会做菜人的功夫。直到那一刻，我才明白宫保鸡丁为什么会有那么多人喜爱，这还需要理由吗？

　　当晚出品的主菜共八味，今天想分享的是主菜佛跳墙。

　　"坛启荤香飘四邻，佛闻弃禅跳墙来"，形容的是这个菜肴的诱人之处，也让更多美食者研判。佛跳墙流传于福建，说是历史上有一食肆在烹制一种多味道的菜肴时所发出的气味，诱发了隔邻寺庙的出家人，让他们都"企不稳脚跟"而纷纷跳墙来寻找味道，故此，

佛跳墙

后人把此菜命名为"佛跳墙"。

　　当然，也有另外版本，说过去酒楼经常有一些客人有吃不完的菜肴，店员怕浪费便留下来吃。为了卫生起见，便把剩菜集中在一起重新煮一次。多种食材混合后产生出来的味道，竟然超出原来单一的味道，飘溢出来的香气让附近寺庙的出家人忍不住，偷着跳墙来品尝。

　　传说虽有差池，却也印证了有佛跳墙这一菜肴的说法，后来很多师傅根据这些食材再进行调整烹制，才形成了今天这种具有独特味道的佛跳墙。经回忆，我把佛跳墙的原材料写出来，以飨食客们的好奇之心。

佛跳墙

原材料： 发好的鱼翅，鲍鱼（罐头鲍鱼也可以），花胶，海参，元贝，鹿筋，龟裙，冬菇

调配料： 上汤、味精、盐、胡椒粉、芫荽、食用丝纸各适量

具体步骤：

①各种食材要通过涨发和煨炖，在独立完成后，用刀分解成统一的形状。

②取有盖的炖盅，按比例把所有食材逐件放入炖盅内，注入上汤，用调味品调和，把盅盖盖上后，再用食用丝纸覆在炖盅盖上面，以防水蒸气流入，然后放入蒸笼炖120分钟，即好。

高级套餐

　　1997年7月1日是香港回归日，我和三通总公司总经理张松华先生等几位朋友相约去香港感受回归日的气氛。应该说，从整个大场面上来看，香港回归祖国的气氛是相当庄严、隆重热烈的。

　　我们虽然也是处在临近庆祝香港回归的主要交接地湾仔，但是严密的保安措施，加上雨天，让我们不知道应该去哪里，只好躲在酒店看电视、聊天、喝茶。

　　香港湾仔六国饭店，是一家有着相当经营年龄的饭店。因为是回归的特别日子，所有房间都是提前预订的。1997年7月1日晚，饭店三楼的中餐厅，被布置得灯火辉煌，气氛热烈，用餐之人络绎不绝。根据饮食人的经验判断，我以为那一夜餐厅的出品可能会差一点，然而我错了。

　　香港湾仔六国饭店餐厅出品部遵循着一条原则：既然收取了客人的高额消费费用，服务质量和出品质量也应该是对等的。

　　那一夜，酒店为我们端出了一味"蟹黄海虎鱼翅"、一味"刺参烩公肚花胶"。我眼睛一亮，居然是高级套餐，而且出品水平相当不错。"蟹黄海虎鱼翅"是广府名菜肴，它选取的翅条透明粗壮，经过多道工序加工和多味盖料慢炖之后的海虎鱼翅非常柔软黏滑，然后取野生海膏蟹的蟹黄，碾茸后用上汤、鸡油及调味品勾成蟹黄酱淋到海虎鱼翅的身上，香味扑鼻而来，口感又香又滑。

不同人有着各自不同的味觉喜好，不喜欢某一种食物纯属正常。我是不怎么喜欢吃海参的人，特别是细条的参仔（统称刺参）。然而香港湾仔六国饭店出品"刺参烩花胶"，却是我至今吃过的刺参中印象最深的一次。他们把刺参焖得软滑，花胶在柔软和脆感上表现强烈，加上高汤收汁形成了原味。盘中摆了西蓝花作为点缀，兼具美感。事后我才知道，这用的是赤嘴鳘鱼公肚和市面上称为六排刺针的关东刺参。

在刺参未涌现之前，潮菜烹调食用的海参基本是沿用猪婆参或者乌石参为主，它们个体大，肉身厚实。加工处理猪婆参和乌石参一般通常都是采用"浸、焗、煮、浸"的循环过程。这种做法，过去我们叫浸焗泡法，目的是让海参在自然吸收水分膨胀后，达到松软又能恢复海参原来的体积。清洗后再用姜、葱、酒等料头飞水，完成初步加工。在潮菜的烹制体系中，猪婆海参多是采用红烧的方式，搭配上除了花胶之外，也有人喜欢选用鲍鱼。猪婆乌石海参在加工入味上也多是选用老鸡、肉皮、排骨等肉料。然后用慢火炖至入味，让海参吸足肉汁，才能达到口感丰富、满足的效果。

近年来，潮菜选用猪婆参、乌石参去做菜的已经不多见了，取而代之的是目前最热门的刺参系列。据说，刺参含有许多人不知的营养，对老、残、病、弱者以及手术后恢复身体，有着神奇的食用价值，特别是在预防癌症上都有不错的功效。而我更相信"有食有补，无食空心肚，补不着心肺，还能补着嘴"的民间健康吃法，才是最

猪婆海参

有益的。

目前流行的刺参有许多类别，以日本关东刺参为最好，其排刺为六排，水发后倍数为 8 ~ 12 倍。中国辽宁海域大连也有刺参，海域与日本关西同海洋流域，参体近似，刺参的刺短粗且不规则者居多，口感上也差些，更大的区别是在柔软度上。

相继出现的南美一带刺参、中东玻璃参、俄罗斯海参崴的粗短刺参，让人们有更多的机会认识、比较、参照。

1997 年 7 月 1 日香港回归，给我留下了许多记忆，还有那一次高档次的商业套餐。

Chapter 6

第六章

潮菜的酱碟天下

潮菜的灵魂：鱼露

香港美食家蔡澜先生曾经说过："越南菜如果离开鱼露，那么它的菜肴出品不知成何种味道，也有可能失去意义。"话可能说得严重些，但却道出了鱼露在越南菜肴中的重要性，这一点与潮菜类似。越南一带华侨众多，华侨中又是潮汕人居多。他们在越南的生活是否与在潮汕家乡有差别，我们暂且不知，但起码他们的饮食情结和我们一定是有联系的。据说越南有很多潮汕食品，诸如沙茶、粿条、春饼皮。他们也很乐意品味潮州菜，所以他们所烹煮的菜肴里含有鱼露这一潮汕味道，也就不足为怪了。

想写点鱼露，离不开"猛火，厚膘，香初汤"。在这句话中，真正能领悟到它精髓的，只有初汤，也就是鱼露，一种潮汕人特有的调味品。

在整个厨房的烹调技术中，还包含火候和其他辅助材料。我认为中国任何菜系在烹调过程中，对火候和辅助材料的要求都是一致的。所以，猛火或者慢火，加不加其他食材，只是在烹调过程中的一种概括，在潮菜烹调中没有任何特殊可言。至于厚膘，任何菜系都一样，需要油脂多的时候，他们绝对不会吝啬。例如川菜的水煮牛肉、水煮鱼，云南的过桥米线，湖南的剁椒鱼头，当你第一次接触时，就会体验到油脂满碗满盘满钵，这不是油多的感觉吗？更有甚者，重庆火锅整个火锅面都是红色的油脂。潮菜中使用厚膀，也当然不会因为肥油而被讨厌。只是在使用上，潮菜师傅更多的是喜欢用猪膀。原因是炒菜时，动物脂肪比植物脂肪更有香气而已。

而鱼露呢？在潮汕大地的家庭厨房中，必备的调料品是鱼露，不是家里的调味品缺少盐，而是潮汕人有独特的爱好，喜欢鱼露具有特殊的鱼香鲜味。日常使用鱼露时，潮汕人谁都会随口喊上几句"滴点初汤落去""倒点初汤来塂（蘸）"等饮食口头语。因而真正能在潮菜味道上突出鲜味的，便是鱼露。对比其他菜系，鱼露的鱼香鲜味有一种难以替代的味道，让潮州菜绝对能媲美任何菜系。

"猛火，厚膀，香初汤"。我从事饮食几十年来，这句口头语

海鱼经过腌渍、发酵、熬炼，生成了多种氨基酸物质

用大陶缸装好熬煮过的海鱼放在户外空地自然晒制、发酵

一直在脑中，不管在何时何地，只要谈起潮菜味道，我一定会说这句话，因为鱼露在潮菜调料品中绝对是灵魂。早期学厨，曾经听上一辈的老师傅说过鱼露的形成和发展。

如今，我以自己的思路，觉得鱼露的形成和发展有两条线路图。一条是东南亚的泰国、越南、马来西亚、柬埔寨，一条是本土区域原澄海县、饶平县。究竟谁先发现鱼露，现已无从考究，但可以肯定的是，鱼露一定是潮汕人最先发现并且加工而成的。

而说到鱼露的形成，我还是觉得比较有趣。老一辈的师傅说："相传潮汕沿海的渔民到外海掠鱼，由于过去保鲜技术非常落后，船上没有保鲜设备，也没有冰块，只好带着海盐出海。一旦捕掠到鱼虾，就用海盐去盐渍保鲜。渔民回港后把捕掠到的鱼、虾整担成筐卖掉，

这种盐渍在当时是一种保存食材的方法，许多食材都是通过这种方法得以保存的，如菜脯、咸菜、咸鱼、咸猪肉、咸薄壳甚至咸面线。

而船舱尚有腌鱼的汁液，渔民们小试后觉得鲜味无限，认为有可取之处，便逐步演变成为鱼露。后来通过研究和尝试不同方法，逐步选用杂鱼仔进行熬制、日晒，让其经过时间的沉淀，进行物理酵化，形成了今天的鱼露。潮汕有人唤其为"初汤"，就是指原汁的意思。

鱼露作为调味品出现在潮州菜的菜肴中，最大的作用应该是在尚未有味精的年代，它能够起到提鲜的作用，特别是在调味时它发出鱼香鲜味。在后来一段时间，尤其是清末至民国，潮汕很多酒楼食肆在烹调菜肴时，只要涉及调味作用，调料品势必首选鱼露。1971年年底，我曾经到过汕头老妈宫粽球店学习包扎粽子。在炒米的时候，师傅们也选用鱼露作为调味品。在汕头市大华饭店学习捶打牛肉丸的时候，浆水和粉底也选用鱼露调和。在任何时候，潮菜炒菜都是用鱼露调味，煮汤也用鱼露调味，甚至连一些蘸碟也是鱼露，足可见鱼露在潮州菜中的用途多么广泛。

冬天，任何食物经过烹煮后放置一段时间就会结冻，潮州菜的结冻菜肴有很多种，诸如猪脚冻、肉皮冻、鱼冻、冻金钟鸡，它们所用到的酱碟也必须是鱼露。蘸点鱼露后入口能产生鲜鱼香味，真正体现凉丝丝的感觉，这就是典型的潮菜特点。

此外，鱼露也是蚝烙、佃鱼烙、丝瓜烙的好搭档。

很多外地朋友都说在汕头吃潮菜时感觉非常好，但在外地吃潮菜，味道就有所变化了。为什么？我跟他们说，任何菜肴都有它们的味道灵魂，特别是调味，潮菜的调味灵魂便在于鱼露。尽管很多烹饪的主副材料都一样，但缺少用鱼露的调味，等于缺少了鱼鲜味的加入，也就相当于失去潮菜的调味灵魂。

在外地烹制潮菜菜肴没有使用鱼露调味，那绝对不是正宗的潮

鲽鱼炒芥蓝

鱼露呈透明琥珀色，是蚝烙的标配

菜，甚至是变味了的潮菜，这主要是厨师对潮菜领会不到位造成的。

有一味菜肴叫"鲽鱼炒芥蓝"，在潮菜中很出名，也即是"猛火，厚膡，香初汤"的典型代表。此菜是本地芥蓝心与大地鱼干一起烹制，利用大地鱼的鱼香味道穿入芥蓝菜之体，再调以鱼露为鲜。薄芡汁护身让芥蓝菜香溢无限，口齿留香，久久不能忘怀，实是美味一绝。

过去潮菜著名的红烧大鱼翅，在去沙洗净的漂浸过程完成后进入炖制，真正调味的还是鱼露。可见鱼露在潮汕人心目中的地位是多么根深蒂固，足以说明其影响深远。

我跟很多人说过，我可能在潮菜的调味上仍有固执的偏见，但我对潮菜的"猛火，厚膡，香初汤"还是有深刻的理解。

为味精正名

　　广州美食家林卫辉先生写了一篇《给味精平反》的食文，极有意思，看后感触良多，因我向来是味精的拥趸，义不容辞地支持他的这一观点，也勾起了关于味精的有趣回忆。

　　二十世纪八十年代初，凡是在海外邮寄过来的包裹，都要经过邮政局拆包检查后才放行，让受寄人领回。在拆包检查中多少会留下一些废弃杂物，其中往往会夹带着一些可利用的小东西。

　　已去世的老邻居林杜龙先生因早年在邮局部门工作，近水楼台先得月，有得到这些废弃杂物的条件。他经常弄一些废弃杂物到家里来挑拣，把一些有用的小物件拣出来后自己留用或换银，其中就有味精粒、糖精粒、打火机的火石粒以及小橡皮筋、回形针之类的。

　　十多岁的我经常到他家中去帮忙挑拣，也初步认识了这些物质中的一些品种名称，了解到什么是味精、味之素，糖精又叫糖蜜素之类。

　　那个年代之前，像汕头市这样的小城市，大部分家庭对所谓"味之素"和"糖蜜素"之类，还处于陌生阶段，更没有使用过此类物品。家庭炒菜、煮汤需要调味时，多数人都会用盐和鱼露、酱油、白糖、豆酱等调味品。

　　至于酒楼食肆，为了得到好的味道，他们大都会用瘦肉、猪骨、排骨、肉皮、老鸡和罗汉果去熬煮一大锅上汤，作为一切菜肴提鲜入味的基础条件。

　　据一些老厨师的回忆，他们以前也极少用到味精之类。一切表明，在那个年代，能认识味精的人还是极少，应该说味精在当时算是奢侈品。

　　参加国营饮食工作后，我才有机会真正接触和使用味精，特别是刚学厨那会儿，每天看着众位师傅在烹制菜肴和炒菜"对碗糊"时，他们都会调入适量味精。

　　年轻的我曾经向标准餐室一位鼎脚（炒菜）魏坤师傅了解，味精能在菜肴中起到什么作用。魏坤师傅一边炒菜一边为我解释，他说味精最早来源于日本，早期称为"味之素"或"味丹"（其实味丹是中国台湾一家味精厂的商标），什么时候进入中国市场，进入

晶体颗粒状的味精

到汕头市，他也不知道，说应该是从日本侵略中国时带进来的吧。

关于味精的形成，魏坤师傅说它是用粮食去提炼的，学名是谷氨酸钠。如果在炒菜和煮汤时投入少许，对菜肴有提鲜作用，能达到鲜甜可口的效果。

他继续说道，我们目前炒菜都会使用少量味精去帮助菜肴提鲜，但是以前在没有味精的年代，潮汕的鱼露其实就是起提鲜作用。潮菜为什么一早便能得到世人认可，自成地方菜系，鱼露作为独特的调味品，这一点功不可没。

魏坤师傅又继续说道，广府菜调味品中常用的蚝油，在无味精年代，也是取其独特的鲜味，广府菜师傅特别在腌制中更喜欢加入蚝油，认为这样才会让菜肴鲜味无限。这一点我在日后对广府菜的接触中，便感受到了。

早期汕头老南和菜馆的名厨罗亚龙老师傅也说过，在没味精的年代，为了使菜肴更加鲜甜，他们往往会用一些肉和鸡去熬煮一大锅上汤来入味，同时也用鱼露去调整鲜味。

以上一些前辈师傅的介绍，多少印证了这一说法——即在二十世纪七十年代我参加工作之前，潮菜使用味精的量还很少，且味精应该算是一种奢侈物。在我的记忆中，早期的汕头市没有任何生产味精的厂家，许多味精都是从外地购进，主要是广州生产的"珠江牌"或者"大桥牌"，数量也不多。

在1980年之前，汕头市许多主要生活物资都是带证、带票供应，而且是按户、按人定量供给，例如大米、油、猪肉、鱼、煤炭、煤油、白糖、肥皂甚至便纸。

由于味精不被视为主要生活物资，且流通的数量比较少，只能供应一些饮食单位和食品生产单位，无法供应到居民家庭中去，所以它不被列入分配供应物资中。

据原溶剂厂职工张佩旋女士回忆，原溶制厂厂长张蓬如先生、生产车间主任郑绍文和林来顺，他们一帮人利用厂里的一些生产设备，通过技术攻关，获取大量技术资料，最终用大薯淀粉代替小麦淀粉作为主要原料，经过多次反复提取，形成了晶体，达到谷氨酸钠的本质要求。汕头溶制厂生产的味精取名"汕头牌"，并大量投入市场，缓解了当年市场上对味精的需求。曾经是汕头管辖的揭阳县也派人员来汕头溶制厂学习味精生产，取得经验后，把生产的味精叫"湘桥牌"，也随即进入市场。

如今汕头溶制厂的味精生产已经成为历史。而揭阳的味精还继续盛行天下，现揭阳市味精厂有限公司把其生产的味精，取名"榕江牌"。

我在《潮菜心解》一书中写的菜肴，调料品中一直离不开味精，我认为味精在调理鲜味和甘纯上功不可没。比如在调鲜一些汤，清汤牛腩、陈皮炖羊肉汤、排骨苦瓜汤或者鱼丸粿条汤等，只要有几粒味精下去，便能起到甘、鲜、甜的作用。

在腌制菜品的组合材料上，除了姜、葱、盐、酒、白糖，免不了的就是味精。例如腌制潮菜名菜普宁豆酱焗鸡、芝麻酱香水鸭、烧圆蹄等等，可通过时间的延伸把味精糅合到食材身上。

有人曾经问我，为什么只用味精而不用鸡精呢？

我对鸡精的认识正如林卫辉先生在文章中所说的一样，一桶鸡精几十元，里面有鸡的成分吗？如果真的有鸡，需要多少只鸡才能提炼一桶鸡精。我认为这是一种借鸡名行虚骗的手段，且大部分鸡精的合成都离不开味精的原材料。从专业厨师的另外一个角度来看，如果依靠鸡精来增味提鲜还不如熬炖一锅鸡汤来调配，那样更好更有实质性。

也有人认为一些菜肴投入过量味精后，容易产生"口干"现象。这一点是事实，我本人也曾出现过"口干"。林卫辉先生用知识论述他的理由，让我觉得充分。他说这是谷氨酸钠进入人体后，钠离子与人体内的水分子结合，加速了排泄，才会导致"口干"。林卫辉先生认为加速排泄是一件好事，人体本身就需要多喝水，让其循环后排泄。口干了，多喝点水，这是多好的一件事。我也一直不相信味精对人体会有伤害，虽然我未曾做过详细的调查，但味精的出现已经一百多年了，至今未曾听过有谁被味精伤害过。

合理使用味精，与合理使用酱油、鱼露、白糖、盐、酒、油甚至水都一样，适量使用很重要，任何"少了、多了"都烹调不出一味好菜肴、一款好食品。

潮菜厨房师傅们喜欢在烹调技术中，把所产生提鲜、助香的过程称为"吊味"。我认为使用味精就像"吊味"的手法一样，点到为止，便能起到画龙点睛的作用，对身体也绝对是无害的。

这里请注意：一是用味精的手法是可捻勿抓，可抓勿捧，可捧勿倒。二是选购味精应选用晶体颗粒比较好，粉状的味精一般是添加了盐粉，所以会偏咸。

潮汕杂咸

"杂咸"，单从字面上理解，应该把两个字拆开，才更能明白其意义。

杂，应该是指物类繁多，多得难以分类，故而称杂。咸，应该是指代某一种菜肴特有的口味，单独出现更能够明确它的味觉意义。

"杂咸"，又杂又咸，没有指定具体名称，用一个模糊的名词来代表地方食物。从某种意义上来说，杂与咸是不能连在一起的。然而在潮菜中，它们仍被叠加，代表潮菜的另一类组合菜肴。

拿碟"杂咸"来，潮汕人立即明白是怎么回事了。这句话出现在餐桌上，必会更多地和潮汕白粥紧紧地联系在一起。

潮汕白粥，从古早的认知上，绝对是一款素味平淡的食物。只要不投入任何料头去改变粥的构成，它永远是寡淡的一碗。为了让更多的白粥送进肚子里，人们便用菜肴作为配送白粥的食物。由于日后有多种品味的选择，便呼之为"杂咸"。

若论"杂咸"形成的时间，应该追溯到远古。由于过去生产劳动力落后，经济上困难，潮汕人不得已对一些食物在味道感觉上适当调整，让一些食物作为"杂咸"出现，起到催送白粥入肚的作用。

早年，曾经听过一则潮汕人的故事，叫作"咸喱咸滴哒，整喱整哩烙"。内容虽俗，却很好地解释了白粥与"杂咸"的相互关系。故事大致如下：

> 说一位少妇在家里的灶间准备洗澡，看见了一盘咸蚬，便顺手抓后放入嘴里一嗑，觉得好咸，便又舀起一匙稀粥，又觉得口里好淡，又顺手来一粒咸蚬，又是太咸，便又是一口稀粥。嘴里喃喃自语说了一句："咸喱咸滴哒，整喱整哩烙。"这时刚好一老妇路过，听到声音，不知何事，便顺着门缝窥视，只见少妇在吃蚬配稀粥。如此反复，居然把整盘咸蚬和一锅稀粥吃喝光了。老妇人摇摇头，跟着喃喃而语："咸喱咸滴哒，整喱整哩烙。"由此流传于街坊。

从这则故事中，我们可以认识到潮汕白粥真的是素味平淡，而"杂咸"它真的是咸。当人们发现咸的食物具有催送白粥入肚的作用时，日后大多数食物都会被多加一些"咸"，由此"杂咸"系列便形成了。

"杂咸"系列，按目前在潮菜中的位置，它绝对是一个广义上庞大的菜肴系列。它除了本身拥有独立的地方菜肴位置之外，更重要的功能还是能够辅助其他菜肴在入味和出味上发挥作用。

先来认识"杂咸"的范畴吧，我认为它是由以下几方面构成的：

一是盐渍。盐渍有干盐的咸鱼、咸猪肉、咸鸭蛋、咸薄壳、红蟳、咸蟛蜞、菜脯、橄榄糁。

这些品种都是通过海盐腌渍，可延长保存时间，这在很大程度上是解决储存的问题，毕竟那个年代的冷藏技术不过关。盐渍后转

潮汕顺口溜，意思是要么就太淡了，要么就太咸了。

二十世纪五六十年代腌制咸菜的场景

化成盐水碳质物，通过阴凉储藏的方式成为杂咸的，有酸咸菜、贡菜、冬菜和酸梅子。特别是酸咸菜，过去都是冬天才盛产大芥菜，农户把它收割后清理和清洗，用海盐把大芥菜腌制至软身出汁，最后装罐密封，一般都须经过 45 天的物理发酵才算完成。我以前腌制过咸菜，配比是 100 斤大芥菜配 7～13 斤盐，盐少了芥菜易酸，不宜久放，盐多了芥菜比较咸，但是可以存放过冬。

以上这些盐渍后的食物都有一定的使用期限，可以直接作为杂咸配粥，如咸菜、贡菜、冬菜、酸梅子、咸薄壳等。而一些是需要通过火候再加工，如咸鱼、咸鸭蛋、咸猪肉一类。

二是通过用豉油、鱼露和豆酱腌制的"杂咸"，多少都是季节性较强的食物。例如冬蛴、膏蟹、虾蛄、花蛤、血蚶、咸蚬、生瓜、大头菜、稚姜、四色菜、生橄榄等。

这些食物作为"杂咸"出现，原材料基本上都是以鲜活为主的。在一定调配料混合腌制下，这些食物得到消毒、提鲜、入味。生腌制"杂咸"，多少拓宽了"杂咸"的疆域，从而惹得更多人的喜欢。

三是食材通过加工后物理发酵的"杂咸"，如白贡腐、南腐乳、黄豆酱、香豉粒和老菜脯。此类食物更多是需要有技术性和判断经验丰富的人才能完成，同时也需要一定时间储藏。例如老菜脯，它的形成都是需要 10 年以上的时间。

四是有一部分"杂咸"则需要烹饪后才能存放。例如橄榄菜、酱香橄榄、盐水乌榄。

在潮汕家喻户晓的橄榄菜，不同于酸咸菜、菜脯等靠盐渍腌制而成，主要是用熬煮的方式去完成的。

橄榄菜烹制的主要原材料是生橄榄和酸咸菜尾、花生油和海盐。熬制时间需要几个小时以上，特别是使食材从青色转化为乌金色，更需要耐心。熬煮后的橄榄菜能存放较长的时间，这主要是油的比重超过食物的含水量。

潮汕人把以上这几个方面稍微带咸的食物统统列为"杂咸"，这种叫法一直被认可，由此我认为"杂咸"是一个概念词语。

记得在二十世纪七十年代之前，在汕头市多数肉菜市场里，几乎都有一间专门的杂咸铺，供应着日常的"杂咸"。这些杂咸铺每天清晨 5 点半开铺，这么早开铺供应杂咸，还是和白粥有关。

潮汕人过去的早餐比较单调，基本是以白粥为主，当然也有番薯（丝）粥，这是潮汕人的习惯。这个习惯一直延续到二十世纪九十年代才被打破。

一位朋友跟我说过，他们在二十世纪八十年代想引进美国麦当劳来汕头，麦当劳公司经过调查，把要进入汕头经营的时间放到了二十世纪九十年代后，理由是汕头人是顽固的食粥族，只有等到二十世纪九十年代，另一批新生儿长大了才有市场。

印象中，杂咸铺的案板上摆满各式各样的"杂咸"，品种多得让你眼花缭乱，的确难以辨认谁、谁、谁。由此我先列一些作为参考：酸咸菜、南姜麸咸菜口、贡菜、南姜麸芝麻青橄榄、橄榄菜、初汤辣椒酱橄榄畔、盐水乌榄、蒜香乌榄畔、咸水豆干角、南乳豆干粒、手撕老菜脯、虾米菜脯粒、沙茶酱菜脯条、菜脯蛋、初汤菜头口、豉油四色菜、豆酱稚姜、豆酱甜瓜脯、咸薄壳、咸蟟蛴、咸钱螺、咸蚶、含豉油大头、咸带鱼、咸鸭蛋、咸蟟、咸虾蛄、咸磨蜞、虾米饭、红鱼饭、巴浪鱼饭、红肉米、薄壳米、咸究麻叶、咸究乌豆、盐水花生、咸牛铃。

以上是当年杂咸铺的一些品种，然而在这些品种中，我还意外地发现了一些淡味甚至一些酸和甜味的杂咸品种。例如姑苏香腐、甜黄豆、甜杨桃豉、酸甜菜头口、酸甜芒果条、酸甜力茄。

当然，这些杂咸铺还兼着一些"杂咸"类的调酱味料，例如酱油、鱼露、沙茶酱、梅膏酱、三渗酱、芝麻酱、咸柠檬、香豉、酸醋等。如今这种纯杂咸铺已经不见了，想想也觉得有点可惜。

不过今天的"杂咸"已经发生了变化，有一个飞跃提升。一些

品种通过再加工，又延伸了其他品种，如酱香橄榄、酱香菜脯、酱香老菜脯、豉油乌榄、南姜麸乌榄、油浸咸鱼粒。同时又对"杂咸"的外包装进行改造，更突出"杂咸"类的独立个性。精致包装提升了"杂咸"的价值，让潮汕杂咸焕发出青春活力，走向更大的市场。

我曾经指出，"杂咸"的出现，离不开咸菜、菜脯、橄榄菜这三大类的关键主导作用。更多食物加入"杂咸"行列，也丰富了这

常见的潮汕杂咸

一类食物的多样性。

首先，必须承认"杂咸"是因白粥出现而存在，因为白粥的需求，又衬托"杂咸"的层出不穷，花样繁多。事实上，"杂咸"也在一定程度上辅助了大潮菜，让潮菜体系更加完美，充分体现了"有味者使之出，无味者使之入"的烹调理念。

"杂咸"的辅助作用具体表现在以下几种情况：

一是咸菜。它可分为酸咸菜和老咸菜，它除了自身可直接配白粥之外，还可以搭配猪肉类烹制，如炒咸菜肉丝、咸菜煮猪肚汤、咸菜丝搭配圆蹄猪脚、咸菜猪肠煲、猪粉肠咸菜杂烩，绝对是合味之道。同时，它又可以和海鲜搭配出以下品种：咸菜煮白鳗鱼、咸𩽵香茄鱼、三黎咸菜煲、乌耳鳗炖咸菜、鲫鱼酸梅咸菜煲。

二是酸梅子。通过盐渍后，它被利用到酸梅煮鱼、酸梅焗鹅掌、酸梅炖汤中。

三是菜脯。菜脯可以分为普通菜脯和老菜脯。普通菜脯除了可以做成酱香菜之外，还可以煎菜脯蛋，炒菜脯粿条，菜脯煮赤领鱼、淡甲鱼、鲜虾，熬菜脯冬瓜鸭，甚至炒菜脯饭。老菜脯则可以炊肉饼、老菜脯炊鱼、煮老菜脯海鲜粥。

四是豆酱姜。除了配粥之外，豆酱姜拿来煮鱼也是绝配，特别是煮草鱼腹、乌尖头鱼。

五是极少被人提及的贡菜。它不但是配粥中的佼佼者，拿来与午笋鱼（马友鱼）搭配煮，也绝对不逊色于其他煮法。

六是南腐乳。虽然它也有配送白粥的作用，但更大的作用还是在腌制南乳猪肉大包上。此外，潮州特色腐乳饼也离不开它。

总之，"杂咸"的辅助作用非常大，还有很多很多用途，难以全面概述。它作为一种食物记忆，能够让我们长期受用，绝对是潮汕人的骄傲。

生姜畅想曲

正是生姜旺季，我突然心血来潮，想变换一下市面流通的腌制生姜的调料，让相对的咸和辛辣得到改善，达到随吃与烹煮双料作用的效果。于是乎，加糖，调酱油，减豆酱，弄得不亦乐乎！

我一生摸爬滚打于潮菜江湖，无数次舞弄刀勺，几十年仿佛一瞬间就过去了。带着玩的心态，寻找乐的归源，是抒发人生欲望的最佳途径之一。忽然间脑洞一开，时空倒流，认识生姜以来未曾思虑过其用途，因而对生姜的功能和效果有着太多的遐想……

沿海的人，烹煮鲜鱼时喜欢加点生姜进去，去腥味增香气，气息居然好多了，因而感到生姜的作用大裂变。循着生姜裂变的脉络，竟然发觉生姜在烹饪上的用途是无穷尽的。

生姜与菜肴，生姜是配角，把主角让给其他食材。为了菜肴的味道更完美出品，它愿抛头颅，削筋骨，甘于被脱去外衣，在厚薄切片、改条切丝的照顾下，显得厚薄均匀，整齐划一。它被改块击碎，切粒剁细，受到刀刀关照。配合菜肴烹制中出现的腌制，享受着烧烤、焖炖、煎炒等的快乐过程。

不信吗？请看下列分解。

姜葱炒肉蟹，一个众人随口就叫得出的普通海鲜菜肴跳跃着，一贯横行的肉蟹在姜葱的爆香下，加上淡淡的辛辣，鲜甜味更突出，让你知道生姜的影响力。

姜葱焗上汤龙虾，其味远胜于姜葱炒肉蟹，味道在自觉与不自觉中又进了一步。哎，它们都是海鲜烹制，只因龙虾更高贵，生姜在上汤的诱力下，也让龙虾的味道更美。

如果说吃生蚝时感觉到鲜味在海水的冲撞下，有海洋之风习习而来，轻绕舌腔让味蕾驻足，那么铁板大蚝在姜葱丝的缠绕下，热油爆淋铁板，姜味扑鼻而来，会彻底扭转你吃生蚝的想法。

这是一次逆反海鲜做法的行为投入，把生姜切丝拌上芹菜，当牛肉片走完拉油的低温过程，与姜丝交织速炒，味酱汇入让其均匀，让你吃着吃着便不放手了。饮食人究明其因，原来新鲜牛肉也带有腥味，加入姜丝是多么合理。

山寒、水冷、地湿是山里人最难抗拒的，客家人独特烹制出生姜焖鸭来御寒，于是用大量姜片汇入鸭肉，让味道起微妙的变化，且更具有热腔暖身的功效。同样，生姜也对鸭肉的腥味进行了冲击。

珠三角有一个家庭大菜肴，选用猪脚熬姜块，在红糖、甜醋的加持下，猛火烧沸，慢火熬炖，让生姜出味、猪脚入味，特别是加入鸡蛋，对女性而言更是滋润补身。

默默之念，感恩生姜的无限投入，特别是表现在菜肴身上，站在前沿。殊不知，姜、葱、酒结成联盟，在腌制菜肴上让各种味道先行浸入食材，在菜肴去腥助香中发挥了不可估量的作用。

从下面的菜肴中不难看出生姜的作用：酱香焗鸡、酱香焗水鸭等在未进入菜肴完成时，姜、葱、酒的腌制能促使鸡肉、鸭肉去腥增香。

姜葱蟹

炸佛手排骨、炸芙蓉酥肉、炸鱼盒、松鼠鱼等需要姜、葱、酒进行先期腌制，把腥味尽量减少，把香气尽量提升。

　　这一切的发生，生姜是默默无闻的，不张扬地付出着。在一切腊味烧烤面前，生姜也是站在幕后，入味腌制后再等待烧制，其过程是漫长的，但为的是完美。例如烧猪、烧乳猪、烧鹅、烧鸭、烧乳鸽、烧肉、烧骨、烧圆蹄。不管是原色卤水，还是酱油卤水、糖色卤水，在众多卤水中，生姜是不可缺少的卤料，它与蒜头、辣椒、芫荽、川椒、八角、桂皮、大茴等汇成一股势力，把平静无味的卤水掀起巨浪，让味道在翻腾起伏中溢出芳香，传于世道。它们也是有系列的——卤鹅卤鸭卤头皮，卤肉卤肠卤猪脚，卤肝卤蛋卤香腐。

　　在民间，喝姜水能御寒暖身，喝姜茶能去暑解表防感。六月天，煮地瓜放姜片加红糖，既能充饥又能防暑。十二月，炖鱼胶放红枣加冰糖，切不能忘记加上薄薄两片姜，除了饱满的胶原蛋白能强身，姜还能暖胃又热身。

潮汕民间的百日姜更奇妙，它取端午节至中秋节期间，刚好一百天，把生姜放在屋檐瓦砾上，任凭风吹日晒，雨淋雾露，自然干身，形成姜脯，切幼碾末，冲水和药，能散热解表，去痰止吐，温和胃肺，是夏季感冒流涕的特效良药。

——你可穷尽天下事，切勿忘晒百日姜。

资料介绍，生姜这种植物，由根茎与叶形成，生长环境宜湿润但不宜涝浸，喜欢阳光但不要强光，味道上带辛辣，药食均有用途。

善哉！人间至爱是生姜。

百日姜

南姜麸的运用

上篇《生姜畅想曲》，把生姜的一些用途和做法介绍给大家，引起了很多人的共鸣。也有人喊着让我说说南姜和南姜麸在菜肴上的应用。我想了很长时间，一直找不到切入点。

去年入冬后，橄榄收获季节到了，我跑到文祠镇腌制了几百斤橄榄糁，特别交代负责腌制的谢锡福先生要用新鲜的南姜麸去腌制，这样在长期存放上才能保持南姜麸的味道不失。当完成腌制工作后，我突然想到应该把南姜及南姜麸的应用写出来，完成朋友们交代的任务。

南姜应分成食用和药用两部分，食用南姜在潮菜应用上又可分为南姜块和南姜麸。

根块状的南姜加入菜肴的烹制中，需要清洗掉泥土，剁块拍碎。主要应用体现在卤鹅、卤鸭、卤肉上。炖牛腩、炖羊肉以及其他肉类，特别是带腥味的肉类，更需要加入南姜。南姜气息独特，穿透力强，具有去腥助香的效果。在潮菜中，它是不可缺少的一种辅助调味材料。

南姜块洗净后碾成粉末，便是潮汕人熟悉的南姜麸了。除了上面提到的腌制橄榄糁之外，日常的一些食材加入南姜麸后，气息也

南姜与南姜麸

大不一样。特别是在汕头市澄海区，乡民在熬制酱香橄榄的时候，也选择南姜麸和白芝麻作为辅助味料，可见其用途之广泛。

在潮菜中的搭配上，著名的"橄榄糁炊鱼"，离不开的是橄榄和南姜麸，潮菜名菜肴"生炒鱼蓬"，在配料上也离不开南姜麸。更有"南姜麸白斩鸡"，它的做法是煮熟后的鸡用很多南姜麸包住，让南姜麸的辛辣味穿鸡身而入，斩件时才从中取出，将气息留于鸡肉上。

除此之外，日常碰到的需要用到南姜麸的案例还很多：一碗鲜鱼泡粥，调上一撮南姜麸，必定更清鲜可口；一盆清汤牛腩牛杂汤，只要加入一些南姜麸，微微的辛辣气息即令人为之一振；一盘潮汕酸咸菜，洗净后切成细块，撒上南姜麸和白糖，手抓几下，即成餐前佐料。

一碟蘸酱料，选择南姜麸，调配上白糖、白醋、芝麻，必定是一味可口的蘸碟，特别是蘸卤牛肉和卤羊肉。

另一类腌制还有澄海南姜贡菜和东里南姜麸白贡腐、南姜麸乌榄。潮汕人腌制甘蔗水果，也喜欢加入一些腌制原料，如甘草、白糖、芝麻、芫荽、南姜麸，调和各种水果的味道。特别是南姜葱芝麻甜青橄榄，青橄榄通过洗净擦干水分，用一种木板把青橄榄压扁，使青橄榄裂开，然后加入以上这些腌料，其口味特别"抢嘴"好吃，诱惑力极强。

根据相关资料介绍，南姜，也叫芦苇姜，是一种主要生长在粤西一带的根茎植物。什么时候被移植入潮汕地区不详，然而它的价值被潮汕人充分利用，特别是在潮菜的烹饪中，它成为一种主要的辅助调配料，以致很多人以为南姜是潮汕地区独有的品种。

老菜脯

撕正芳（香），截哩生刀栅（锈斑）。

截正着，撕哩生手席（手味）。

——这是一句典型的潮汕俗语，主要反映潮汕人对手撕菜脯的
另类理解。

小时候，我家与许多家庭一样，都在咸酸橱内储存了一小罐老
菜脯。老菜脯是极少会用的，一般都是家里有人食积胀气了，母亲
才会拿出一个黑得乌金的老菜脯，用手把它撕成几小碎块，放在小
碟上，让人咬嚼着伴送白粥。

面对用手撕着老菜脯，我好奇地询问母亲，为什么不用刀去切
呢？她认为家庭的菜刀经常会生铁锈，若染到老菜脯上，会生出异味，
而手撕老菜脯可以免掉这个问题。其实，老菜脯在家庭中只是偶尔
用来送粥解腻的，所以也很少有人专门去留意用刀切或者用手撕。

一个简单手撕老菜脯的送粥吃法，反映了过去潮汕人的一些生
活习惯。这在过去的年代非常普遍，特别是在惠来、普宁、揭阳、潮阳、
饶平等地方，更是常见。

咸酸橱是
潮汕人家
中用于存
放油盐酱
醋和各种
杂咸的木
橱柜。

老菜脯

　　我从厦门回来以后，一直对用老菜脯剁成碎粒去油泡鲜鱿鱼耿耿于怀，简直有点不理解它的做法。尽管我对此类用老菜脯去烹饪菜肴持有不同看法，但它还是在外地的潮式酒楼食肆中被悄悄运用了，而且对外地人来说，还能起到意想不到的饮食效果。外地人对潮汕人专属的牛肉丸、鱼饭、腐乳饼、普宁豆酱、老菜脯等都有兴趣了。

　　我隐约感觉到，除了一部分产品原来已经走出去了，后来一大部分潮汕食品受青睐可能与陈晓卿先生推广潮汕风味有关系。近年来，美食纪录片《舌尖上的中国》团队再拍《风味原产地》时，特别推出了潮汕民间风味小吃，把潮汕牛肉丸、鱼饭、普宁豆酱、老菜脯之类再次介绍给全国观众，让各地观众领略了潮汕风光，同时也爱上潮汕美味。

　　厦门市的潮式酒楼用老菜脯烹制菜肴，可能就是受此影响。于是，我静心思之，反复寻回老菜脯原来在汕头的一些影子……

记得十多年前，我在深圳福田区一家叫"自己人家宴"的潮菜酒楼吃饭。在酒席至末端时，后厨送出了一盘老菜脯蒸肉饼和一锅砂锅粥。其时的感觉如粤菜的咸鱼蒸肉饼一样，风味独特，口感上酸甘、香滑和爽，那种老菜脯特有的浓郁韵味，足够让你顿悟一生饮食。

尽管出品简单，我还是小心去观察：老菜脯经过剁碎，再加入剁碎的肥瘦相间的猪肉，加点味精、白糖和淀粉，搅拌均匀后用手轻压成肉饼，然后放入蒸笼去蒸。我心里就觉得已经被征服了——厨师在老菜脯的利用上跨出了重要一步。

也是在十多年前，一次朋友小聚，席间李楠先生说在朋友倪锦清先生家中吃过老菜脯煮粥，是用鸡汤煮的，感觉非常好。我当时半信半疑，居家人士在家中居然用鸡汤去煮老菜脯粥。

李楠先生解释道，鸡汤是当天慢煮白斩鸡和猪肉的剩余鸡汤，加入大米后煮至快爆米花时，加入切碎的老菜脯，调上味料即好。

探明其过程后，我顿时恍然大悟，信服了，高手真的在民间。

随后，我也一直想把老菜脯的品味推广一下，然而效果不佳，于是渐渐把它淡忘了。

不知道是谁最先抬高老菜脯的应用。有一说是美食家林自然先生，有一说是成兴渔舫的老总王文成先生。不管是韩信点兵还是关公巡城，都叙说着遥远的故事。但首先把老菜脯结合到猪肉中去的师傅，绝对是值得一赞的，要不然老菜脯还是罐藏在家里咸酸橱中的一种小食材，顶多是边缘上的小角色。

想一想，开发老菜脯从时间上推算也应该有十多年了吧，从单一的手撕老菜脯块，到老菜脯剁碎和上肉碎做肉饼，到用鸡汤去煮老菜脯粥、鲜虾煮老菜脯汤、老菜脯蒸鲜鱼、老菜脯粒炒鱿鱼、老菜脯粒炒饭等众多的地方风味，老菜脯的种种表现，把我弄得神魂颠倒，让我刮目相看，有时候也真的会火冒三丈。

人们长期的饮食生活习惯，或饱或饿，多少都会产生饮食上的肠胃积火，潮汕人家在寻找消食泻火的食材时，发觉储藏的老菜脯竟有奇效，便会专门储备一些老菜脯。

田园上的生菜头（萝卜）挖掘出来后，清洗干净，粗盐腌渍，让其出水，捞起晾晒风干，入罐密封，经多年储藏和存放，让它陈化……

老菜脯从腌制到封罐后一直不启封，放着放着，不知不觉度过了漫长的时间，至少要十年才能成为名副其实的老菜脯。一旦启封，老菜脯的层面上湿润发光，色泽深褐乌黑金亮。此时的老菜脯，口感上柔软松化，纯甘香气饱满，咸味中带酸气，送吃后行气快且能回饱嗝。

广东新会县的老陈皮，之所以叫老陈皮，就是要经过多年的储存和反复的晾晒和养皮，让它多次产生物理氧化和酵化，才逐渐演变成了老陈皮。老菜脯也是基于这个原理，潮汕一些村民在自家腌制菜脯后，封存放于家里多年，让它年复一年自然老化。也正如潮州一些乡镇在腌渍老橄榄糁一样，青橄榄加粗盐、南姜麸腌制后封罐储藏，也需要一定时间后才开封。

我一直想寻找老菜脯的原产地，却发现它一早就进入潮汕大地的千家万户了，很难探究谁是最先发现并食用老菜脯的。

不过若按照老菜脯的出品最为被认可的分布，惠来县最为优先，

晒菜脯的场景，1958 年摄于澄海农场

其次是揭阳新亨镇和饶平高堂镇，这三个地方都有可能是老菜脯最
先的原产地。唉，还纠缠什么呢？老菜脯已经被带出了，走出潮汕
地区了。至于能走多远，我认为无所谓，重要的是如何保护它的独
特风味。

川味感悟

1987 年，在鮀岛宾馆工作的我被派去泰国曼谷考察饮食行业，回程的时候我们顺道歇息于香港。在停留期间，表弟王汉文邀请我到九龙佐敦道一家川菜酒楼品尝辣味川菜。

印象中有水煮牛肉、铁板辣酱煎大虾、辣子香鸡等，在一边吃一边聊天中，表弟问我，麻辣一点的吃不吃？我说可以呀，来一点。当服务生端来了一盘麻辣脆肚，我便迫不及待夹上一块送到嘴里，才咬不到几下，突然感到整个嘴巴都麻了，顿时任何食物都不知味道。此后，每谈起四川菜，这个场景马上浮现在眼前。若是想吃川菜，首先会询问麻不麻。

2018 年春节前，我在微信上认识的四川朋友张宣平先生，专门从四川省郫县给我寄来了他们家乡的几罐特制豆瓣酱。我领收后并未认真品尝其味道，因在香港领教过川菜的味道，不敢轻举妄动。

每一年的春节，餐饮人都是身不由己地为一大群休假的人忙碌，只能自我调侃，欣赏大家休息，望着大家吃喝，想着游山玩水。有时候还真的会痛恨自己为什么是餐饮人。假期一过，休假的人在节日上的吃、喝、玩、乐都得暂告一个段落。

川菜中常用的藤椒

　　年后的一天，朋友李楠先生过来聊天，东西南北聊一些饮食旧
事，也谈及味道变化。我突然想起年前四川张宣平先生寄来的豆瓣酱，
至今还未曾一试。于是我便邀请李楠先生共同为其豆瓣酱调试几样
菜肴味道，就这样，豆瓣酱泡炒鲜鱿鱼、豆瓣酱煮海乌鱼、豆瓣酱
干捞面出现在那天的午餐。

　　在这次调试中，探知豆瓣酱虽有辣气而不麻。于是我便用潮菜
的一些烹调做法，把传统油泡麦穗鲜鱿的蒜香粒去掉，用豆瓣酱代替。
炒泡后，鱿鱼的麦穗依然好看，挂靠在麦穗身上的金色蒜头粒被红
色的豆瓣酱粒取代，也有不错的观感。海鲜在这种辣气的辅助下，
非常可口，产生了独特的风味。

　　豆瓣酱煮乌鱼，和我们的普宁豆酱煮鱼一样，味道有变化，烹

调法还是不变。有趣的是那一味"豆瓣酱干捞面",我借用爱西干面的做法,在碗底的卤汁上加入豆瓣酱。豆瓣酱事先剁烂,然后在鼎中用热油煎一下,让豆瓣酱自然化开后溶入油中。

汕头人吃干捞面需要有温度,因而在温度的要求下,想让干捞面条不粘连,则需要在酱料中加入一定的油脂。因而这一次用油脂把豆瓣酱化为一体,加入面条中去,既不粘连,又能产生一点微辣的酱香气。

这一次调味豆瓣酱,得到相应的认可,大家在细品之后,味觉上既辣又不辣,其香气霸道十足。我自己也惊讶了,这一次的川味碰撞竟然会产生不一样的味道。

从香港佐敦道品尝川菜到在自家酒家调制川味酱料,相隔三十多年,其间自然品试过川味,都是小心翼翼的。虽然能欣然接受一小部分辣的味道,太辣尤其带麻的却是难以沾唇。

郫县豆瓣酱、河南十三香、贵州老干妈、湖南剁椒、李锦记蚝油、虾酱、汕头市沙茶酱、普宁豆酱等,都是烹调的佐香酱料,如果调味得当,菜肴上好味道一定是有的。

朋友!很多时候,在烹与调的支持下,味道才是灵魂,佐料就是为味道而生的。

乌榄

捉迷藏，击鼓传花，猫抓老鼠，单脚跳格，滚铁圈，这些都是旧时玩乐的游戏。潮汕人还有一种叫打榄核的游戏，因为觉得有趣，所以一直留在我脑海里，印象深刻。打榄核，有设定的活动范围和规则。榄核既是玩具又是赌注，赢家可以把赢得的榄核击破，取其榄仁吃。

榄核主要选择来自乌橄榄树的果子——乌榄，选择一粒比较大的来作为母只。

通过去外皮肉取其核壳，用人工把核壳的尖尖两头在油麻石（花岗石）上磨掉，然后再把核壳放平，用力磨去核壳的一边，挖出榄仁肉，露出窟窿来。此时，烧一点锡水或者铅水注灌到榄核的窟窿里，凝固后便是一粒沉重的榄核母只了。

此举的目的是增加母只的重量，让榄核在用手指弹击后，撞击对方的榄核，在行进中不会产生跳跃（跳跃会影响它的冲击力），而且在受到对方的弹击时能够岿然不动。

有趣的游戏，儿时打榄核的玩乐，可能是我们这一辈人特有的烙印。

刚摘下来的乌橄榄

　　这次回到家乡普宁下架山蛟池村，参加最后一位叔父的丧事。按习俗，送他远行天国的时候，众人必须先绕着乡村的小道走一圈。边走边停，望着斑驳的乡村老围墙、闲间厝仔，过往的一些情景在脑海中浮现了……

　　曾被称为"普宁内山区"的下架山蛟池村，在过去的年代，交通极度不方便，出入县城或者汕头市是相当困难的。许多食材在买卖和置换上，难度相当大。大部分食物都会用盐去腌渍、盐浸、煮卤后存放，便于日后食用。盐水浸乌榄和腌咸菜、晒菜脯、熬煮橄榄菜、咸面线就出现在各家各户中，形成了独特的普宁腌渍风味。

　　1958 年，全国都设立了公共食堂，吃饭统一到公共食堂去。有一次与村里的几位小伙伴，偶然发现公共食堂内有一瓮盐水浸的乌橄榄。于是乎，每人静悄悄偷了几粒盐水乌榄，把榄肉去掉，取出榄核，用石头击破，挑出榄仁肉吃了。榄仁肉香着呢。让人觉得满足的是榄仁香气扑鼻，紧张的是此种行为属于偷窃，心灵上一直有负罪感。

对榄核中的榄仁，我只觉得它大部分用在饼食上，特别是珠三角一带喜欢做榄仁饼和五仁饼，所以他们需要大量的榄仁。

至于菜肴呢？广府菜有一个菜肴名——玉手揽郎腰。它取材于脱骨鸭掌、西山榄仁和新鲜鸡腰，巧妙把它们相结合，形成一个寓意贴切的菜肴。

还有一个是江太史家厨呈现过的肚头炒榄仁。此菜用大量西山榄仁，在爆香后拌上水发后的猪肚头，巧妙地爆炒一下，榄仁香气足而肚头清脆弹口。

潮菜菜肴在用榄仁方面也比较少，我只是偶尔用在炒饭之中，主要搭配海鲜类，于是取名为榄仁海鲜炒饭。另外还有榄仁芝士焗南瓜，也是少量，其他就相对更少用了。

过去我学习过制作糖方，在一次次玩弄花生糖方和芝麻糖方的同时，我也反复用温度和低糖的办法去调试榄仁糖方和松子仁糖方，终于达到了理想的效果。

这两款糖方的调制成功，很大一部分原因是在理解的层面去解读它，把它神化完成了，也提升了市场上的糖方价值和竞争力。当然，我也觉得这是对榄仁价值的尊重。说千道万，无非是一粒乌橄榄的事。

流传在潮汕的一句俗语——乘风卡橄榄，意思是入秋后，橄榄的果子步入成熟期，由于橄榄树高大而叶枝软结果密，不宜攀摘，所以在采摘时多采用长竹竿去敲打，让橄榄果子掉下来。如果碰到东北风起，稍有风摇劲，采摘的人们会顺风势而击打，这样橄榄就掉落得更多了。

在潮汕，橄榄分有青橄榄和乌橄榄，先民们的敲橄榄，究竟是指谁，那就让大家去猜吧。还是说说乌橄榄——一粒曾经被忘记，突然又被拉回来了的盐水浸乌橄榄。

盐水浸乌橄榄，应该是前辈们不知道经过多少次反复调制才成功的一种盐水卤制法，因而一直延续至今。单一味盐水浸乌橄榄是要经过采摘，加草木灰摩擦清洗，用开水浸泡，再烧开盐水后让它冷却，把泡开了的乌橄榄进行浸卤，让它有一个养卤的过程。

细心分析可发现，用草木灰去摩擦清洗是一个关键点。乌橄榄树在日常的生长中，果子会含有一些油脂，多少都会沾一些尘土粉，于是乌橄榄才会是灰赤黑色。如果不用炭灰去摩擦清洗，去掉乌橄榄身上的油脂，浸卤后的乌橄榄会有异味，也不宜长期存放。

另外，浸盐水乌橄榄还必须把水温、时间控好，泡水的温度高了和浸的时间久了，都会影响乌橄榄的肉身和口感。弄懂了盐水浸乌橄榄的原理，你想改变其他味道就顺理成章了，如南姜麸浸乌橄榄、酱油汤浸乌橄榄的出现，便不足为奇了。

曾经与原龙湖区委书记张弟高先生交谈过家乡普宁的乌橄榄，他说普宁及其他地方的乌橄榄品种多样，比较出名的有柴头榄、铁皮榄、车酸（心）榄、三棱榄、吊思茅乌榄，这些榄营养丰富，并有大量的微量元素，对人体特别有益。

乌橄榄树都是生长在亚热带地区，主要分布在印尼、越南、柬埔寨、老挝，以及中国的云南、广西、广东、海南等地。

乌橄榄树在中国属南方果子，其果子结成时呈灰赤黑色，经用草木灰摩擦清洗后，表现出乌金亮色。肉是浅红色，心核壳坚硬，击碎后内是白色的榄仁肉，油脂含量偏低，略带有酸香气息，轻嚼时，酸甘气息穿鼻而过，韵味奇妙，是植物果仁中的佼佼者。

广东人喜欢做五仁饼，其中的果仁之一便是榄仁，而五仁饼的榄仁取自增城西山乡村。据说增城西山乌橄榄肉厚实皮薄，榄核大粒肉仁饱满。他们只要用热水小浸一下，然后用小刀在乌橄榄的中间轻转一圈，两边榄肉便形成榄角，自行脱落，然后用盐轻轻搅拌，翻拨均匀，便是我们日常见到的乌榄角了。而用厚重一点的刀从榄核的中间轻轻一刹，榄核即断裂跳开，榄仁露出便可取出，然后浸泡去膜，便是雪白的榄仁了。

榄仁的应用已经略做介绍了，那么，榄角肉呢？

炒乌榄角肉在潮菜中是一款风味小吃：把几粒蒜头拍碎后，放入鼎中用油煸赤煎香，然后把榄角肉汇入去炒，咸香味旋即飘出，

榄角

榄炭

是佐食粥饭的上等杂咸。顺德人做池鱼时，也喜欢用乌榄角肉去蒸鱼肉、蒸排骨，他们觉得乌榄香的气味很独特。

潮汕人喜爱工夫茶，在品茗的讲究上不亚于龙井之韵。取火烧水冲茶，深山的矿泉水当然不在话下。更有甚者，采用榄核烧成的火炭来煮水。榄核炭燃烧后，无烟，炭火青蓝，耐久，是烧水冲工夫茶的首选。

吃饭配古　人间至味

◎黄晓雄

　　老钟叔笔名"独孤寻味",从事餐饮业几十年,潜心经营味道,本着"脸给你,钱给我"的宗旨,远离名利场,闷声做潮菜。"独孤"二字,大概就是我不跟别人玩的意思吧。不承想,这几年加他微信的人多了,有人竟把"独孤"错读成"孤独",他不高兴了——"别人不跟我玩,那才叫孤独"。

　　我认识老钟叔,是从 2016 年拍摄"七一届厨师培训班 45 周年"纪录片开始的。初识老钟叔,只觉他说话声音洪亮,走路带风,霸气侧漏,聊起天来滔滔不绝,谈起事来观点独特,他的逆向思维常常让我大为诧异。坊间都说东海酒家的菜金昂贵,他却说,品尝到好的东西,付多一点菜金那叫物有所值,只能说是"钱多",物无所值的才叫"贵"。如此雄辩,你敢不服吗?

　　老钟叔疼爱晚辈,纪录片虽然拍完了,他却时不时约我们这群后生吃饭,我也有幸能经常品尝到他亲自操刀烹煮的菜肴。更幸运的是,我们不仅把饭吃了,还能听他在一旁把各个菜品的故事细说一通。老钟叔记忆力超强,犹如头脑里植入了电脑芯片,七十多年的人生经历悉数转换成数据存储起来,甚至连饮食前辈给他讲过的故事、说过的话，他都记得一清二楚。我们都说他是装了满肚子的"古"（故事）。所以，若问我的美食体验如何，答曰：吃饭配"古"，人间至味也！

每逢下雨天的周末，老钟叔经常会致电邀请我去吃一碗老汕头味道的"鸭粥"，同时还会再加上一道"五香果肉"，只因这是我最喜欢的菜品之一，酥脆甘甜的五香气息总让人欲罢不能。这道菜配的"古"，是他对恩师罗荣元师傅的回忆："罗荣元师傅早年在传授给我们这道潮菜时说过，此菜的食材原本是厨房的下脚料，厨师在整理食材时，发现一些猪碎肉有利用价值，通过加入其他辅助料，粗料细做，完美呈现了一个全新的菜肴，实属精神可嘉。"我喜欢这道"五香果肉"，只因菜肴里不仅色香味俱全，更包含着厨师的敬业精神，还有老钟叔时时不忘恩师的情感。

有一段时间老钟叔迷上了橄榄糁，研制出了一味独门橄榄糁汤，汤水之甘，其味之美让我等食客为之惊艳。只见他单手持碗把汤一饮而尽，咂了咂嘴说道："很多食材都需要你去理解它，理解了才能让它最大限度地发挥作用。橄榄糁虽是家常杂咸，运用得好，也可以上酒席的。"接着他又说了一个故事。几年前，香港有位著名潮商托人来电咨询：小时候觉得橄榄糁煮鱼很好吃，为何现在总是吃不到儿时的味道？老钟叔略一思索便跟对方说要如此这般处理，果然奏效。原来，这位潮商的家厨在煮鱼的时候习惯性使用了高汤，高汤的味道盖过了橄榄糁的味道，因此才吃不出儿时的感觉。老钟叔的处理方式是：改用清水煮鱼。他解释，富贵人家的家厨在烹饪时肯定敢于落料，而我们小时候饭都吃不饱，怎么可能有高汤来煮鱼？清水煮鱼才有古早味道。老钟叔还调侃道："我当初跟咨询的人说了，这位潮商这么有钱，咨询费得五万元，至今还未到账呢。"引得众人哈哈大笑。

以上趣事，只是老钟叔满肚子"古"中的冰山一角。让人忍俊不禁的故事还有太多太多。例如本书提到的，服务员将炒薄壳写成"炒手枪"、他年轻时候"抓水鸡"的经历。还有很多未曾收入书中的趣事，如他在广州开办广海食府时"唱一首歌减去物业费100万"的故事。老钟叔还有很多与吃食相关的口头禅："食乞人卤，迈饿乞人笑""酒杯空，人轻松""食酒松筋骨，生仔肥律律"。诸如此类的口头禅，都是饭桌上频频被点播的案例。

近事不忘，往事渐清。这几年，老钟叔在友人的鼓励下，跨界写书，笔耕不辍。他说，很多文人都弃笔拿菜刀玩美食了，我这是弃刀拿笔玩文学。老钟叔偶尔将文章发布到他的微信公众号上，总能引起一些网友的点赞。需要说明的是，他所有的文章都是在手机上写的，这是让人十分佩服的事情。

不知不觉，我的手机里也已存了几百篇老钟叔的文章，闲来细读，有味有趣。有一天，他突发灵感说，能不能把一些发过公众号的文章汇集起来，出一本书。说干就干，我们马上选文章、校对、拍图、排版。近期，我们终于把老钟叔饮食生涯经历的趣事汇集成册，取名《味趣》。本书选取的文章，相信读者都已一一读过了，既有关于鱼胶、燕窝辨认的知识，又有各类菜肴的深度解读；既写饮食趣事，又赋予菜品情感，让人过目难忘。

书稿出来了，老钟叔一页页检阅着书稿对我说，要不这本书的后记你来写吧。吾何其有幸！

　　都说富贵三代，方知饮食滋味。按照我的经验，要迅速理解潮菜的滋味，读老钟叔的文章可能是条捷径。若有机会，请读者一起来食饭配"古"。

鸣谢

感谢韩荣华、黄晓雄、陈芳谷、卓帆、陈育伟、林坚木、詹英德等，以及 1971 年厨师班的师兄弟等对本书出版所付出的一切辛勤劳动。